Grasshopper

参数化深度建模

程罡◎编著

清华大学出版社

北京

内 容 简 介

本书为《Grasshopper参数化建模技术》的全新升级版，分五个大类详细讲解了20个精彩案例：珠宝首饰设计、建筑设计、时尚家具设计、工艺品设计和产品外观设计。

本书涉及的运算器更多，案例的讲解注重思路、流程和技巧。书中很多运算器的组合甚至可以作为"定式"来使用，使本书具有一定的工具书价值。学习完书中的案例，可以掌握参数化建模的很多高级技法。本书配套的资源包，附有和每个小节同步的案例源文件，为读者提供同步的技术支持，使读者绝无半途而废之忧。

本书适合高校设计类专业学生、三维建模从业人士和设计类行业从业人士参阅，也可以作为高校相关课程的教材和教参使用。

图书在版编目(CIP)数据

自在之境：Grasshopper参数化深度建模 / 程罡编著. —北京：清华大学出版社，2021.7

ISBN 978-7-302-58596-1

Ⅰ.①自…　Ⅱ.①程…　Ⅲ.①三维动画软件　Ⅳ.①TP317.48

中国版本图书馆CIP数据核字(2021)第131540号

责任编辑：魏　莹
封面设计：李　坤
责任校对：吴春华
责任印制：宋　林

出版发行：清华大学出版社
　　　　　网　　址：http://www.tup.com.cn, http://www.wqbook.com
　　　　　地　　址：北京清华大学学研大厦A座　　邮　　编：100084
　　　　　社 总 机：010-62770175　　　　　邮　　购：010-62786544
　　　　　投稿与读者服务：010-62776969, c-service@tup.tsinghua.edu.cn
　　　　　质量反馈：010-62772015, zhiliang@tup.tsinghua.edu.cn
印 装 者：天津鑫丰华印务有限公司
经　　销：全国新华书店
开　　本：185mm×260mm　　印　　张：17.5　　字　　数：425千字
版　　次：2021年8月第1版　　　　　印　　次：2021年8月第1次印刷
定　　价：98.00元

产品编号：089590-01

前言

　　本书是编者2017年出版的《Grasshopper参数化建模技术》（以下简称《参数化建模技术》）的升级版。《参数化建模技术》出版后受到了读者的欢迎，不到四年的时间已经四次加印。

　　本书构思之初，原本考虑的是在《参数化建模技术》的基础上做一些小幅的修改。但是四年以来，Grasshopper无论是版本还是建模技法都有了不小的变化：当初的第三方插件已经成为内置模块；Rhino的版本也从5.0升级到了6.0；和Grasshopper配套的插件也增加了不少，使得其功能更加强大。经过权衡，最终还是决定重新编写一本书，做一个全方位的升级换代。

　　《参数化建模技术》中的案例基本是针对建筑建模的，适用面相对比较窄。本书把案例的范围做了大幅度扩展，分成了五个方向：珠宝首饰设计、建筑设计、时尚家具设计、工艺品设计和产品外观设计。每个方向单独组成一个章节，每个章节四个案例，全书一共讲解了20个案例。

　　这样的安排既可以满足各类专业背景的读者，又可以充分展示Grasshopper的能力。由于案例的多元化，本书中使用的运算器和技法远多于《参数化建模技术》，可以让读者对该软件和参数化建模技术有一个更加全面、深入的了解。

　　本书属于Grasshopper的中高级教材，主要讲解的是参数化建模的思路、流程和技巧。其中很多运算器的组合甚至可以作为"定式"来使用，使本书具有一定的工具书价值。书中涉及的运算器众多，限于篇幅，基本没有对运算器的功能做讲解。读者如有不明白之处，可以参看《参数化建模技术》或者其他资料。

　　为了方便读者学习、使用本书，随书提供了一个资源包，其中包括了每个案例的分节模型源文件。每个小节完成后都会另存一个和该小节同名的模型文件，保证读者能获得同步的技术支持，即便在自学的情况下也不会半途而废。

　　本书的主题名——自在之境，原本是一个Rhino作品的名称。在21世纪之初，国内曾经掀起过一股Rhino建模的热潮，编者也热情地投身其中，期间涌现了不少大神级的作者和优秀的作品。"自在之境"是一位叫陈大钢的大神创作的一尊佛像模型作品，至今令人记忆犹新！陈先生至今仍然活跃在国内数字艺术领域。那时候还没有参数化建模技术，一切模型都要靠手工建模、手工编辑，但是乐趣一点也不少。参数化建模出现之后，三维建模才真正达到了随心所欲的"自在之境"。谨以此书致敬那一段"激情燃烧的岁月"和一起交流的同行们。

　　本书中的案例、流程、方法和技巧，不可避免地参考、借鉴了国内外专家、高手的作品。由于条件所限无法一一告知，在此一并致歉并表示衷心感谢。

　　限于笔者的水平和能力，书中不足之处在所难免，欢迎广大读者批评指正、不吝赐教。

编　者

目录 Contents

第4章　时尚家具设计

第5章　工艺品设计

第6章 产品外观设计

第1章
准备工作

在开始建模教程之前，首先需要做一些相关的准备工作，包括软件版本的选择、插件安装、资源包的使用等。本章虽然没有涉及建模，但其内容是重要的前提和准备，请读者务必认真阅读，并安装正确的软件版本和相应的插件，避免在后面的建模过程中可能遇到的各种问题。

1.1 关于软件版本

在Rhino 5.0版本之前，Grasshopper一直是作为程序算法插件而存在的，用户需要额外下载安装后才能运行。

鉴于近年来参数化建模技术的普及和广泛应用，到了Rhino 6.0版本，Grasshopper已经成为内置模块，这省去了用户下载、安装的过程，使用更加简便、稳定。

本书创建案例所采用的版本是最新的Rhino 6.0，具体的版本编号是SR14，其内置的Grasshopper版本为Build 1.0.0007，如图1-1所示。

图1-1 Grasshopper的最新版本

1.2 关 于 插 件

为了补强Grasshopper的功能，很多第三方公司开发了众多插件，比较著名的有Kangaroo（袋鼠）、LunchBox、Weaverbird（织巢鸟）等，其中有的常用插件已经成为内置功能。本节将对书中用到的常用插件做一个简要介绍。

1.2.1 Kangaroo

Kangaroo插件将动力学计算引入GH(Grasshopper)中，通过物理力学模拟进行交互仿真、找形优化、约束求解。Rhino 6.0版本已经将其内置于GH中，可见其地位之重要。图1-2为Kangaroo插件的工作原理示意图。

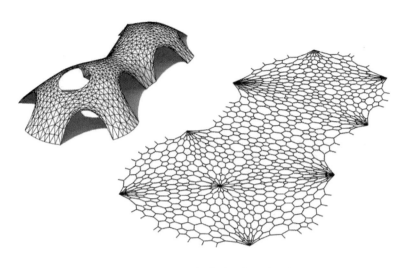

图1-2 Kangaroo插件的工作原理示意图

1.2.2 LunchBox

该插件为创建表皮的强有力工具，包含菱形、三角形、四边形、砖形等常用表面划分形式，图1-3所示为LunchBox插件创建的表皮模型。

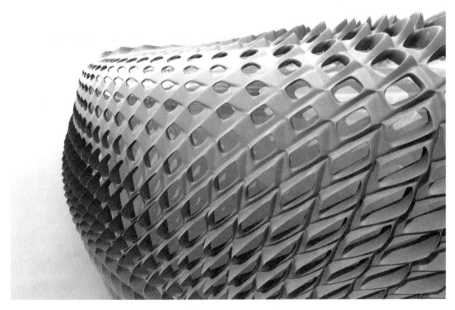

图1-3 LunchBox插件创建的表皮模型

1.2.3 Shortest Walk

该插件只包含一个运算器，它能在给定曲线网络和线列表的情况下，计算网络中从线起点到线终点的最短路径。图1-4为Shortest Walk的图标和工作原理图。

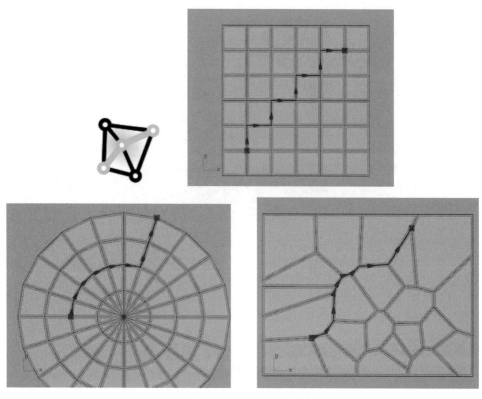

图1-4　Shortest Walk的图标和工作原理图

1.2.4　Weaverbird

　　Weaverbird插件又称织巢鸟，作为和Grasshopper同源的插件，它可以对网格体进行快速编辑，提供了数个网格细分和模型转换工具，可以对网格体做细分、网格开洞、加厚等常用操作。图1-5为Weaverbird的宣传图。

图1-5　Weaverbird的宣传图

1.3　插件的安装

Grasshopper插件的安装方式一般分为两种：普通安装和复制安装。

（1）普通安装通常用于较为复杂、运算器较多的插件，例如Weaverbird。其安装方法和通常软件的安装方法无异，通过双击"*.exe"格式的安装文件并逐步进行安装即可。

（2）复制安装通常用于比较简单的插件，这种插件的安装文件一般只有一个*.gha格式的文件。

下面以Shortest Walk插件为例讲解这类插件的安装方法。

➢ 在Grasshopper菜单中，执行File > Special Folders > Components Folder命令，如图1-6所示。

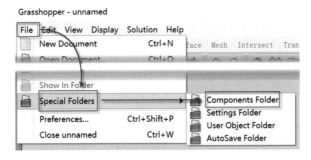

图1-6　执行Components Folder命令

➢ 打开一个Libraries文件夹，将需要安装的Shortest Walk.gha文件复制、粘贴到这个文件夹中。

➢ 在Shortest Walk.gha文件上单击右键，执行快捷菜单中的"属性"命令。在打开的"属性"对话框的"常规"面板中，勾选右下角的"解除锁定"选项，如图1-7所示。

图1-7　勾选"解除锁定"选项

➢ 重启Rhino和Grasshopper软件。

➢ 在Grasshopper工作区搜索关键词"sho"，即可找到这个运算器，如图1-8所示。

图1-8 搜索Shortest Walk运算器

1.4 资源包的使用

　　为了方便读者学习、使用本书，随书配置了一个资源包，其中包括所有案例的Grasshopper模型源文件，读者可扫描右侧的二维码下载资源包。

扫码下载资源包

　　案例源文件是按章节和案例顺序存放在文件夹中的。每个案例都有一个独立的文件夹，例如第3章第3个案例是张拉膜结构，其源文件的文件夹在树状图中的位置如图1-9所示。

```
📁 案例源文件
    📁 第2章-珠宝首饰设计
    📁 第3章-建筑设计
        📁 3.1-外星气泡屋
        📁 3.2-安联球场
        📁 3.3-张拉膜结构
        📁 3.4-余弦波长廊
    📁 第4章-时尚家具设计
    📁 第5章-工艺品设计
    📁 第6章-产品外观设计
```

图1-9 源文件树状图

　　"3.3-张拉膜结构"文件夹包含了3.3.1~3.3.7共7个案例源文件。这7个源文件是和书中案例讲解的小节相对应的。在每一个小节结束后都会另存一个模型文件，方便读者对照学习，如图1-10所示。

名称	类型	大小
3.3.1	Grasshopper Definition	15 KB
3.3.2	Grasshopper Definition	21 KB
3.3.3	Grasshopper Definition	29 KB
3.3.4	Grasshopper Definition	30 KB
3.3.5	Grasshopper Definition	28 KB
3.3.6	Grasshopper Definition	36 KB
3.3.7	Grasshopper Definition	36 KB
3.3_finished	Grasshopper Definition	36 KB
3.3	Rhino 3-D Model	2,217 KB

图1-10 和章节对应的案例源文件

　　做完上述准备工作，我们就可以开始精彩的参数化建模之旅了！

第2章
珠宝首饰设计

Grasshopper 之于珠宝首饰设计具有其独到的优势，可以在短时间内形成风格类似的多种设计方案，方便选择对比，设计的效率大大高于传统的手工建模。

本章将详细讲解四个相关的案例，从不同的角度展示 Grasshopper 参数化建模在珠宝首饰设计领域的应用。

2.1 花环戒指

本案例讲解一枚戒指模型的建模流程。该模型的主要建模手法，是在9个环形分布的截面之间放样形成戒指的主体，主体部分形似一个花环。戒指成品的渲染图如图2-1所示。

图2-1 花环戒指

本案例模型源文件保存路径：资源包 > 第2章-珠宝首饰设计 > 2.1-花环戒指

2.1.1 阵列网格面

在GH工作区，创建一个Circle运算器和一个XZ Plane运算器。将Circle运算器Plane端口与XZ Plane运算器连接。再创建一个Slider运算器，将其数值设置为10，与Circle运算器的Radius端口相连接，如图2-2所示。

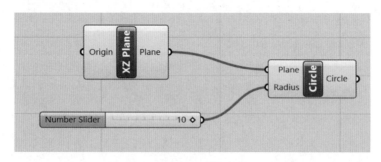

图2-2 Circle运算器的设置

视图中，生成一个半径为10的圆，位于XZ平面，如图2-3所示。

创建一个Perp Frames运算器，将其Curve端口与Circle运算器连接。创建一个Slider运算器，将其与Perp Frames运算器的Count端口连接，参数设置为9，如图2-4所示。

视图中，上一步创建的圆周上均匀阵列了9个网格面，每个网格面的Z轴都和圆周相切，如图2-5所示。

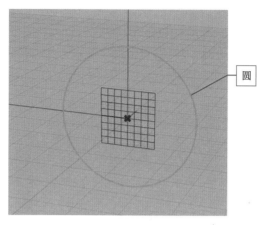

图2-3　生成一个圆

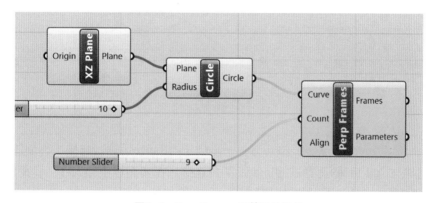

图2-4　Perp Frames运算器的设置

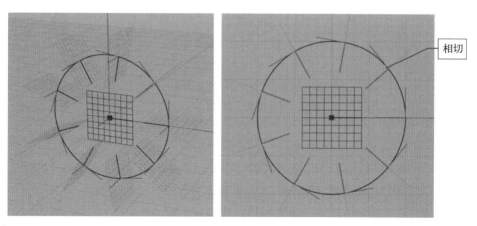

图2-5　生成阵列网格

2.1.2　等分极坐标角度

本小节将创建一组角度数据，为后面阵列横截面做好准备。

创建一个Range运算器，将其Steps端口与Perp Frames运算器Count端口的Slider滑块相连接。

创建一个Panel运算器，将其与Range运算器的Domain端口连接。在Panel运算器面板中输入360，设置为Multiline Data模式，如图2-6所示。这一步的操作用于控制输出的角度范围为0~360°。

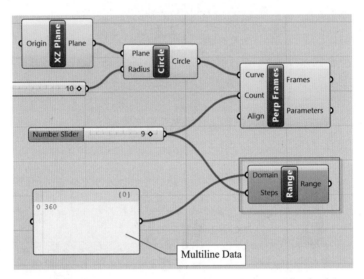

图2-6　Range运算器的设置

创建一个Cull Index运算器，将其与上一步创建的Range运算器连接。再创建一个Panel运算器，将其与Cull Index运算器的Indices端口连接。在其面板中输入-1，模式为Multiline Data，如图2-7所示。这一步的操作剔除了Range运算器输出值中的360°角。

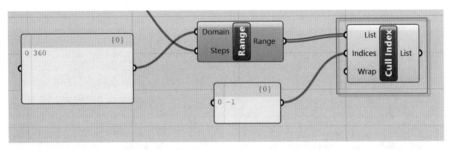

图2-7　Cull Index运算器的设置

创建一个Radians（弧度）运算器和一个Multiplication（乘法）运算器。Radians运算器分别与Cull Index运算器和Multiplication运算器连接。

再创建一个Slider运算器，将其数值设置为3，并与Multiplication运算器B端口连接，如图2-8所示。这一步操作，将角度转换成了弧度，并都扩大3倍。

通过本小节的几个运算器的处理，获取了9个等分的极坐标角度。如果在最后创建的Multiplication（乘法）运算器后面连接一个Panel运算器，将会显示最终输出的极坐标角度，如图2-9所示。

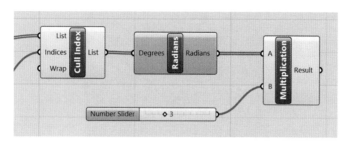

图2-8 弧度和乘法运算器的连接

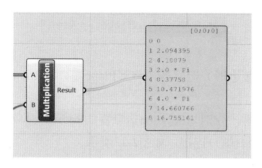

图2-9 显示输出角度

2.1.3 阵列多边形

上一小节完成了一组角度数据，本小节将阵列四边形截面，并按照角度数据做轴向旋转。

在Multiplication运算器上方创建一个Rotate运算器，将其Angle端口与Multiplication运算器连接，将其Geometry和Plane端口同时与2.1.1小节创建的Perp Frames运算器连接。

将Perp Frames运算器关闭预览，如图2-10所示。

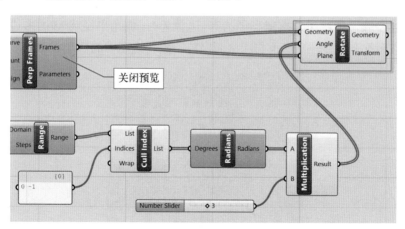

图2-10 设置Rotate运算器并将Perp Frames运算器关闭预览

视图中，沿圆形阵列的9个网格面沿切线方向出现了角度变化，相邻两个网格面之间的角度差为30°，如图2-11所示。

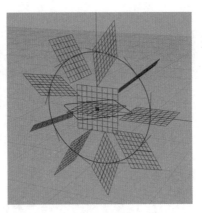

图2-11 带有角度的网格面

创建一个Polygon（多边形）运算器，将其Plane端口与Rotate运算器的Geometry端口连接。

创建三个Slider运算器，分别与Polygon运算器的Radius（半径）、Segments（分段）和Fillet Radius（倒角半径）端口连接，如图2-12所示。

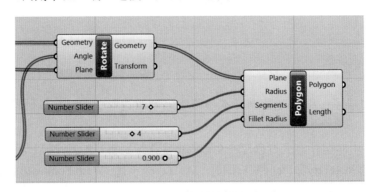

图2-12 Polygon运算器的设置

通过上述步骤，创建了外接圆半径为7、边数为4、倒角半径为0.9的多边形。多边形的方位与网格面重合，旋转角度也与网格面保持一致。视图中的情形如图2-13所示。

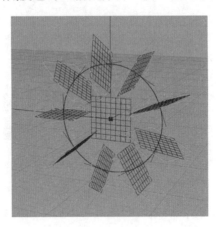

图2-13 创建多边形

创建一个Area运算器，将其与Polygon运算器的Polygon端口连接。

将Rotate运算器的预览关闭，如图2-14所示。

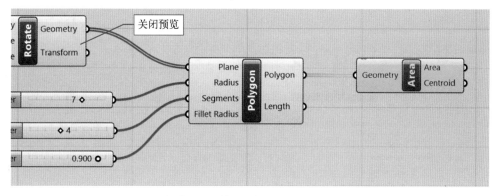

图2-14　创建Area运算器并将Rotate运算器的预览关闭

通过上述步骤，在每个多边形的中心创建了一个中心点，如图2-15所示。

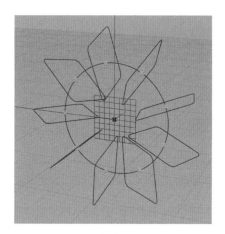

图2-15　多边形的中心点

2.1.4　创建比例截面

本小节将创建带有比例变化的截面曲线，为后续的放样操作做好准备。

在Area运算器右侧创建一个Pull Point（拖曳点）运算器，将其Point端口与Area运算器Centroid端口连接。

再创建一个Point运算器，将其与Pull Point运算器Geometry端口连接。在Point运算器上单击右键，执行Set One Point命令，到视图中任意位置创建一个拖曳点，如图2-16所示。

创建一个Bounds运算器和一个Remap Numbers运算器，两个运算器之间和与Pull Point运算器之间的连接方式如图2-17所示。

这两个运算器与Pull Point运算器配合，可以将拖曳点的位置变化转换成缩放效果。

创建一个Scale运算器，其Geometry端口与2.1.3小节创建的Polygon运算器的Polygon端口连接，Center端口与Area运算器连接，Factor端口与Remap Numbers运算器连接，如

图2-18所示。

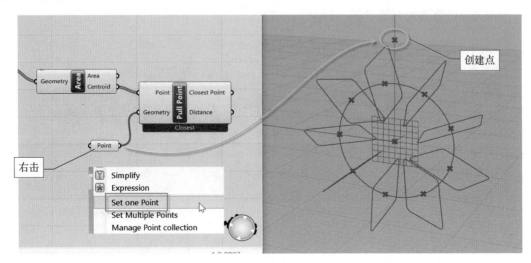

图2-16　创建拖曳点

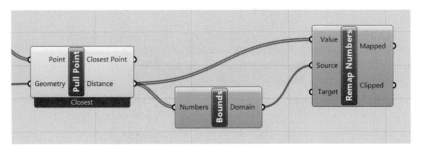

图2-17　Remap Numbers运算器的连接

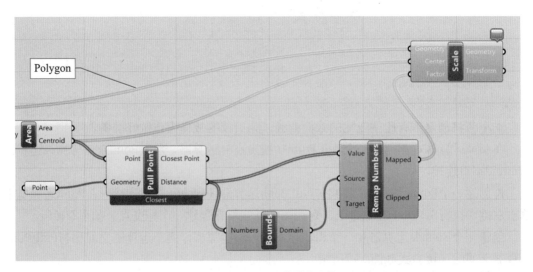

图2-18　Scale运算器的连接

在Remap Numbers运算器下方创建一个Construct Domain运算器，将其与Remap Numbers运算器Target端口连接。再创建两个Slider运算器，分别与Construct Domain运算器的Domain start和Domain end两个端口连接，如图2-19所示。

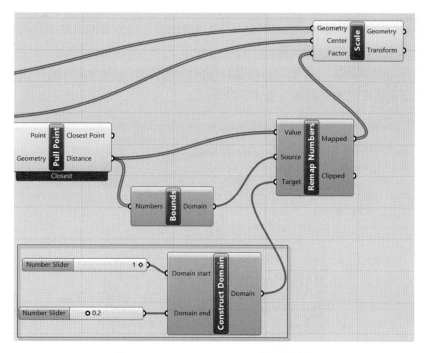

图2-19　Construct Domain运算器的连接

视图中，9个四边形截面出现了比例变化，其最大和最小的比例由Construct Domain运算器两个端口上的滑块控制。

激活与Pull Point运算器Geometry端口连接的Point运算器，然后在视图中选择拖曳点并移动，就可以动态改变系列截面的方向，如图2-20所示。

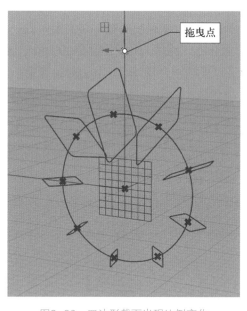

图2-20　四边形截面出现比例变化

2.1.5 放样生成模型

通过前面4个小节的操作，已经得到了9个带有比例变化的截面。本小节将使用放样运算器生成三维模型，并做相关设置。

创建一个Loft运算器，将其Curves端口与Scale运算器的Geometry端口相连接。视图中，四边形之间生成了放样曲面，如图2-21所示。

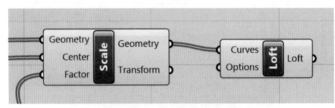

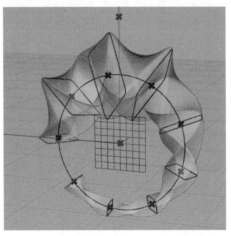

图2-21　生成放样曲面

上一步虽然生成了放样曲面，但是存在问题，还需要做进一步的设置和优化。

创建一个Loft Options运算器，将其与Loft运算器的Options端口连接。在Loft Options运算器的Closed（封闭）端口连接一个Boolean Toggle运算器，将其设置为True模式，如图2-22所示。

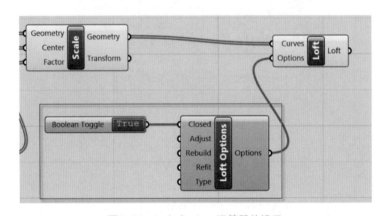

图2-22　Loft Options运算器的设置

经过这一步的设置，放样曲面的缺口被封闭起来，形成一个完整的环形，如图2-23所示。

图2-23　封闭缺口

在Type端口上右击，在弹出的快捷菜单中选择Loose（松弛）模式，视图中的曲面如图2-24所示。

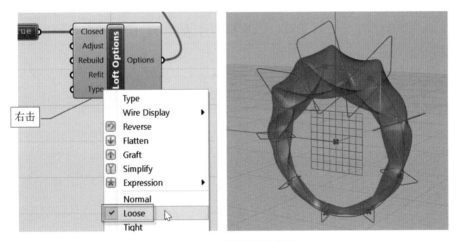

图2-24　曲面的形状设置

花环戒指建模至此完成。

2.2　镂空手镯

本节讲解一个镂空手镯的制作案例。这个手镯整体呈一个环形，上面带有大量不规则镂空多边形。镂空图案的数量、大小和分布都可以任意调整。镂空手镯磨砂黄金材质渲染图如图2-25所示。

图2-25 镂空手镯渲染图

本案例模型源文件保存路径：资源包 > 第2章-珠宝首饰设计 > 2.2-镂空手镯

2.2.1 创建圆弧模型

首先需要在Rhino中创建一个圆环模型，作为GH的指定曲面。

在Right视图中，使用画圆工具，以坐标原点为圆心，绘制一个半径为10的圆，如图2-26所示。

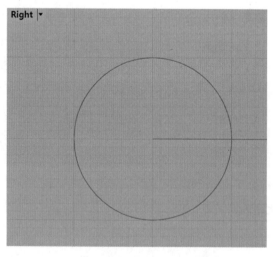

图2-26 绘制一个圆

在Front视图中，采用圆弧绘制工具，以上一步绘制的圆的外边缘为圆心，绘制一个直径为5的半圆。

打开半圆形曲线的控制点，编辑其形状，如图2-27所示。

采用单轨扫掠工具，依次拾取圆和圆弧，扫掠生成环形曲面，如图2-28所示。

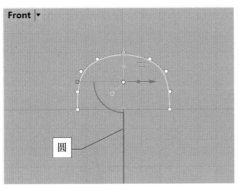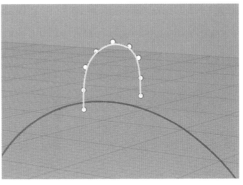

图2-27　绘制半圆

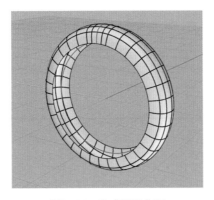

图2-28　生成环形曲面

2.2.2　创建展开平面

本小节将根据圆环的三维尺寸，生成一个将其展平的矩形平面，为后续的步骤做准备。

创建一个Surface运算器。在该运算器上右击，在弹出的快捷菜单中执行Set one Surface命令，到视图中单击上一小节创建的圆环模型，将圆环转换为GH模型，如图2-29所示。

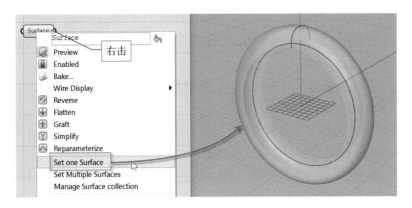

图2-29　拾取环形面

创建一个Dimensions运算器和一个Plane Surface运算器，将Dimensions运算器的U dimension和V dimension端口分别与Plane Surface运算器的X Size端口和Y Size端口连接，如图2-30所示。

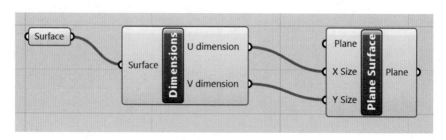

图2-30　两个运算器的连接

视图中，生成一个矩形平面，其长度和宽度等于圆环展开平铺的尺寸，如图2-31所示。

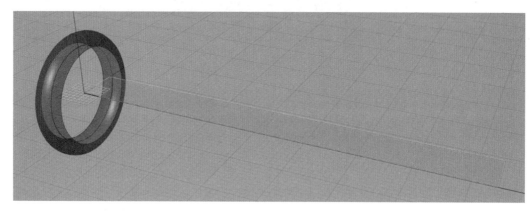

图2-31　生成矩形平面

2.2.3　生成多边形

上一小节已经将圆环展开为一个矩形平面，本小节将在矩形平面上生成不规则多边形。

创建一个Populate Geometry运算器，将其Geometry端口与Plane Surface运算器Plane端口连接。

创建两个Slider运算器，分别与Populate Geometry运算器的Count端口和Seed端口连接，如图2-32所示。

矩形平面上出现大量随机分布的点，点的数量由Count端口的滑块控制，点的分布形式由Seed端口的滑块控制，如图2-33所示。

创建一个Voronoi运算器，将其与Populate Geometry运算器的Population端口连接。视图中，在矩形平面上以点为中心生成大量多边形，如图2-34所示。

创建一个Curve运算器，将其一端与Plane Surface运算器连接，一端与Voronoi运算器的Boundary端口连接，如图2-35所示。

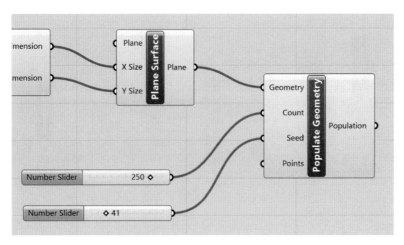

图2-32　Populate Geometry运算器的设置

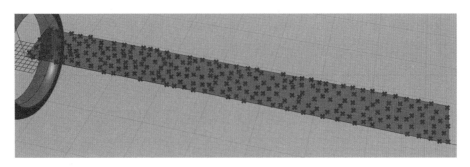

图2-33　生成随机点

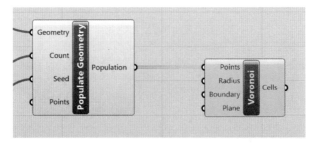

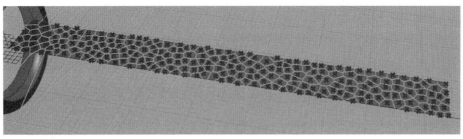

图2-34　生成多边形

通过上述步骤，将矩形平面之外的多边形线条全部切除，只留下平面内部的线条，如图2-36所示。

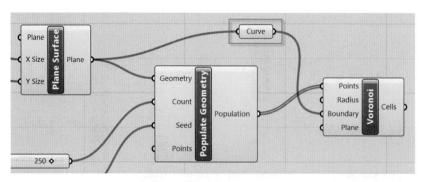

图2-35 Curve运算器的连接

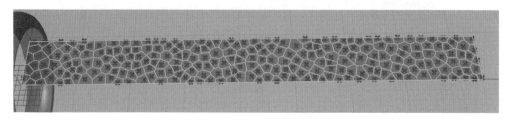

图2-36 切除多边形线条

2.2.4 比例收缩多边形

本小节将创建多边形厚度，为挤压成实体做准备。

创建一个Scale运算器，将其与Voronoi运算器连接。在Scale运算器Factor端口连接一个Slider运算器，将其参数设置为0.8左右，如图2-37所示。

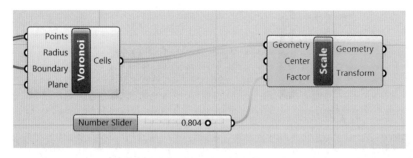

图2-37 创建Scale运算器并设置

在视图中，按比例（Factor端口滑块的数值）生成了一个多边形网格面，如图2-38所示。

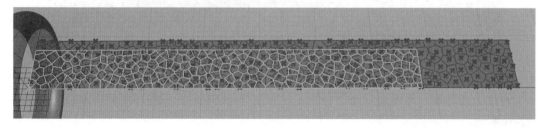

图2-38 按比例生成网格

这一步虽然按比例生成了网格，但是相对于原来的多边形并没有居中对齐，需要做进一步设置。创建一个Area运算器，将其一端与Voronoi运算器连接，一端与Scale运算器的Center端口连接，如图2-39所示。

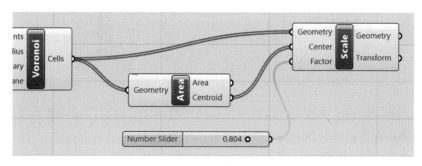

图2-39　Area运算器的连接

视图中，收缩比例的多边形与原多边形形成了居中对齐，如图2-40所示。

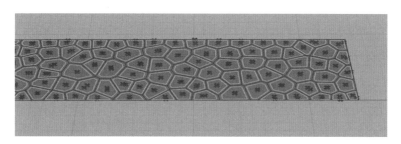

图2-40　多边形居中对齐

2.2.5　挤出多边形

本小节将把多边形网格沿Z轴挤压形成带有厚度的三维实体。

创建一个Curve运算器和一个Boundary Surfaces运算器。将Curve运算器分别与Scale运算器的Geometry端口和Boundary Surfaces运算器Edges端口连接，如图2-41所示。

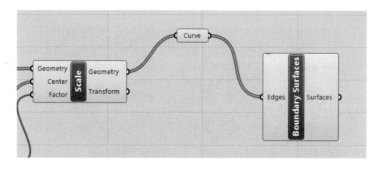

图2-41　Curve运算器的连接

将Curve的模式设置为Flatten，再将其与Voronoi运算器的Boundary端口的Curve运算器连接起来，如图2-42所示。

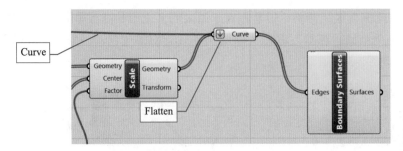

图2-42　Curve运算器的设置

　　Boundary Surfaces运算器可以根据平面曲线生成曲面，通过上述步骤的设置，现在已经把多边形网格和边框部分所对应的面都提取了出来。

　　创建一个Extrude运算器，将其Base端口与Boundary Surfaces运算器连接。在其Direction端口连接一个Unit Z运算器。在Unit Z运算器Factor端口连接一个Slider运算器，将其参数设置为0.6，如图2-43所示。

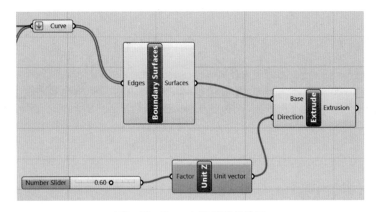

图2-43　Extrude运算器的设置

　　上述步骤将多边形和边框沿Z轴挤出一个厚度，形成三维实体，厚度大小由Unit Z运算器Factor端口的滑块控制。

　　在视图中，多边形和矩形边框都形成了厚度，如图2-44所示。

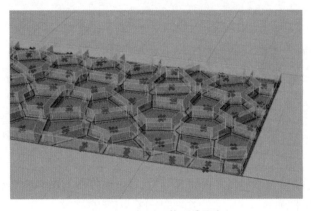

图2-44　挤压网格形成厚度

2.2.6　变形网格模型

上一小节完成了多边形网格的挤出成型，本小节将对其进行变形处理，使其变形为圆环形状。

创建一个Surface Morph（曲面变形）运算器，将其Geometry端口与Extrude运算器连接，将其U Domain、V Domain、W Domain三个端口同时与一个Slider运算器连接，参数设置为1。

将其Surface端口设置为Reparameterize模式，将该端口与2.1.1小节创建的Surface运算器连接，如图2-45所示。

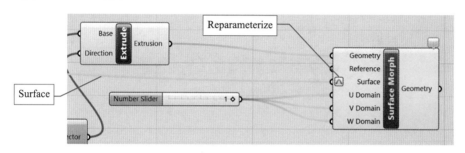

图2-45　Surface Morph运算器的连接

创建一个Box运算器，将其输入端与Extrude运算器连接，将其输出端与Surface Morph运算器的Reference端口连接，如图2-46所示。

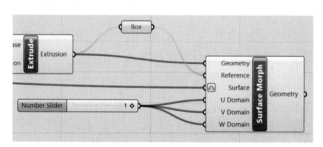

图2-46　Box运算器的连接

最后，将Surface Morph运算器之外的所有运算器关闭预览，视图中只剩下变形为圆环的多边形网格模型，如图2-47所示。环形手镯建模至此完成。

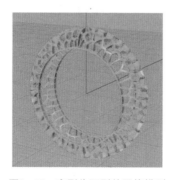

图2-47　变形为环形的网格模型

2.3 坦 克 链

坦克链是项链链条形式的一种，因其外形厚实扁平，形似坦克履带而得名。本节将讲解坦克链的建模流程。坦克链的成品渲染图如图2-48所示。

图2-48 坦克链成品渲染图

> 本案例模型源文件保存路径：资源包 > 第2章-珠宝首饰设计 > 2.3-坦克链

2.3.1 绘制路径曲线

坦克链的建模首先从创建一个环节开始，然后沿路径阵列成一条完整的链条。本小节使用Rhino工具，绘制一个长圆形的封闭线框，作为一个环节的路径。

使用Rhino画圆工具，以坐标原点为圆心，绘制一个半径为4单位的圆，如图2-49所示。

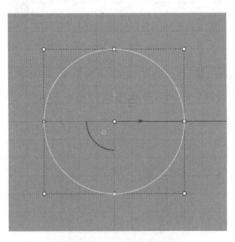

图2-49 绘制一个圆

选中圆，执行Rebuild命令，打开"重建"对话框，将"点数"设置为10，如图2-50所示。

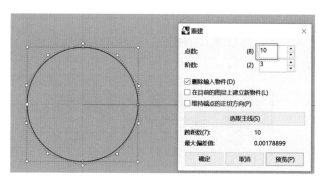

图2-50　重建圆的控制点数量

调整控制点的位置，将其编辑成一个长圆形，如图2-51所示。编辑控制点时，请务必注意位置的对称性，可以打开"格点锁定"开关。

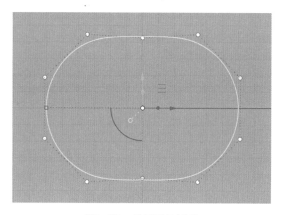

图2-51　编辑圆的形状

为了方便描述后面的步骤，将除了中间两个控制点之外的8个控制点分4组进行命名，如图2-52所示。

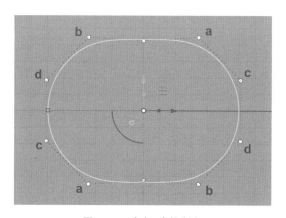

图2-52　命名8个控制点

打开"格点锁定"开关，同时选中位于对角位置的两个a控制点，将两个点同时沿Z轴正方向移动一个单位。将位于对角的两个b控制点同时选中，将其沿Z轴负方向移动一个单位。以此类推，将两个c控制点沿Z轴正方向移动0.5个单位，将两个d控制点沿Z轴负方向移动0.5个单位。

线框被编辑成了波浪形，透视图和前视图、右视图的形状如图2-53所示。在前视图和右视图中都呈现一个对称的8字形。

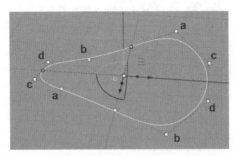

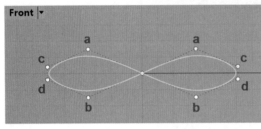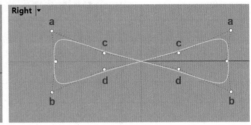

图2-53　线框编辑的结果

2.3.2　创建GH曲线

本小节将创建项链节的横截面，并将其放置到路径上。

在GH工作区创建一个Curve运算器，在其上右击，执行快捷菜单中的Set one Curve命令，拾取上一小节创建的波浪形圆环曲线，将其转换为GH模型。

再创建一个Perp Frames运算器，将其Curve端口与Curve运算器连接，在其Count端口连接一个Slider运算器，将数值设置为2。在波浪曲线上生成两个网格面，如图2-54所示。

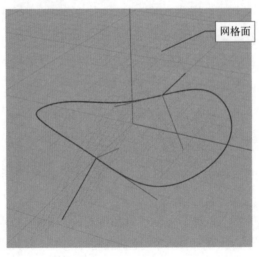

图2-54　曲线上的网格面

在Perp Frames运算器下方创建一个Circle运算器，在其Plane端口连接一个XY Plane运算器，在其Radius端口连接一个Slider运算器，数值设置为2.0左右，如图2-55所示。

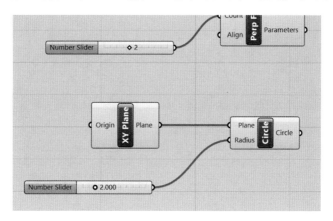

图2-55　创建Circle运算器并设置

视图中，在XY坐标平面上生成一个半径为2的圆，圆心位于原点上，如图2-56所示。

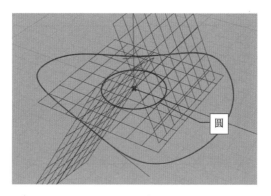

图2-56　生成一个圆

创建一个Orient运算器，在Source端口连接一个XY Plane运算器，将其Geometry端口与Circle运算器连接，将其Targe端口与Perp Frames运算器Frames端口连接，如图2-57所示。

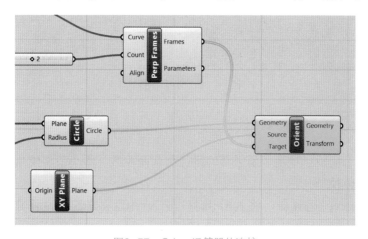

图2-57　Orient运算器的连接

视图中，由Perp Frames运算器所生成的两个网格面上出现了圆，圆的直径由Circle运算器Radius端口的滑块控制，如图2-58所示。

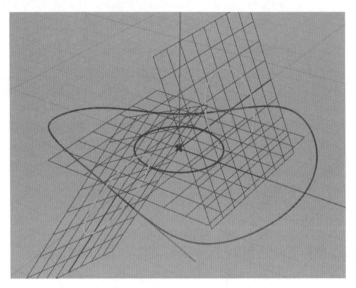

图2-58　网格面上生成圆

将Orient和Curve之外的所有运算器关闭预览，视图中只显示波浪形曲线和两个圆形截面，如图2-59所示。

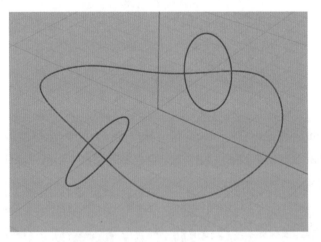

图2-59　只显示路径和截面

2.3.3　扫掠生成实体

前面两个小节完成了项链节所需要的路径和截面曲线，本小节将使用扫掠工具将两组曲线生成三维实体模型。

创建一个Sweep1运算器，将其Rail端口与Curve运算器连接，将其Sections端口与Orient运算器的Geometry端口连接，如图2-60所示。

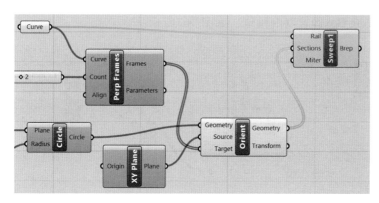

图2-60　Sweep1运算器的连接

视图中，通过扫掠生成了三维实体，这是坦克链中的一个链条节，如图2-61所示。

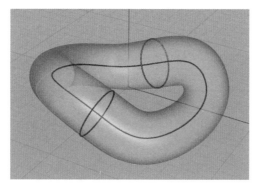

图2-61　生成三维实体

2.3.4　创建边界盒

上一小节已经完成了链条节的创建，下一步将编辑链条节上的4个剖切平面，使之变得扁平，首先需要创建边界盒。

创建一个Bounding Box运算器，和Sweep1运算器连接。再创建一个Scale NU运算器，与Bounding Box运算器连接，如图2-62所示。

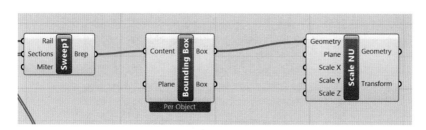

图2-62　Bounding Box运算器的连接

创建一个Slider运算器，设置一个稍大于1的数值，将其同时与Scale NU运算器的Scale X和Scale Y端口连接。在Scale NU运算器的Scale Z端口连接一个Slider运算器，取值为0.8左右。

关闭Bounding Box运算器的预览，如图2-63所示。

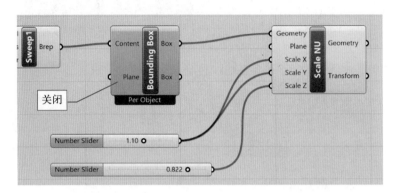

图2-63　设置Scale NU运算器并关闭Bounding Box运算器的预览

在视图中，生成一个长方体边界盒，X、Y轴方向的宽度大于链条节模型的尺寸，Z轴方向小于链条节的高度，如图2-64所示。链条节模型超出边界盒的部分将被切除。

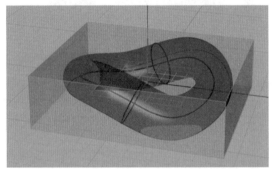

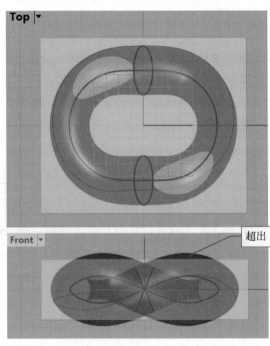

图2-64　边界盒与链条节的位置关系

2.3.5 切割模型

上一小节创建了边界盒并设置好了三维比例,本小节将利用边界盒对链条节进行切割。

创建一个Split Brep运算器,将其Cutter端口与Scale NU运算器的Geometry端口连接,将其Brep端口与Sweep1运算器连接,如图2-65所示。

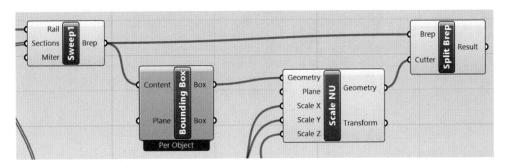

图2-65 Split Brep运算器的连接

视图中,链条节上4个超出边界盒的部分已经呈现出剖切线,如图2-66所示。

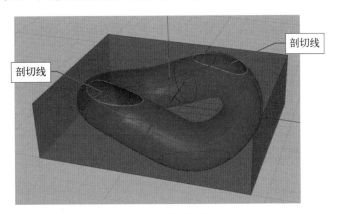

图2-66 生成剖切线

创建一个List Item运算器,将其List端口与Split Brep运算器连接,将其Index端口连接一个Slider运算器,数字设置为1,如图2-67所示。

关闭List Item运算器之外的所有运算器的预览。

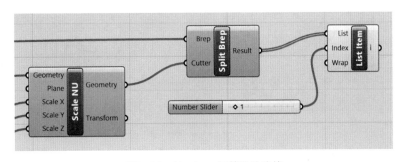

图2-67 List Item运算器的连接

视图中，链条节模型上剖切线以外的部分被删除，形成了4个空洞，如图2-68所示。

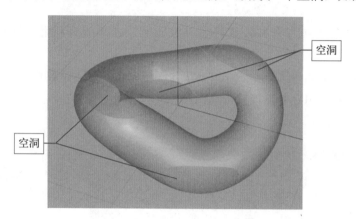

图2-68 生成4个空洞

2.3.6 封闭空洞

上一小节利用边界盒对链条节做了切割，但是在模型上留下了空洞。本小节将对空洞做封闭加盖，使链条节成为一个封闭实体。

创建一个Cap Holes运算器，将其与List Item运算器连接，如图2-69所示。

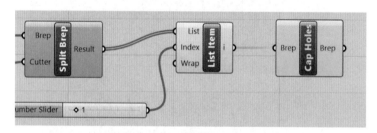

图2-69 Cap Holes运算器的连接

通过Cap Holes运算器的处理，链条节上的4个空洞将被平面所填补。为了方便观察，可以创建一个Custom Preview（自定义预览）运算器，将其与Cap Holes运算器连接，结果如图2-70所示，链条节上的4个空洞都被加盖封闭。

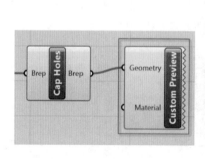
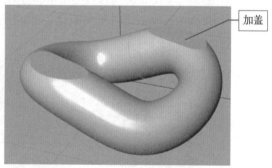

图2-70 封闭空洞的结果

2.3.7　布尔运算

上一小节完成了一个链条节的模型，本小节将对链条节做直线阵列并做差集布尔运算，使其生成沟槽，为后面的路径阵列做好准备。

创建一个Linear Array运算器，将其Geometry端口与Cap Holes运算器连接。在Linear Array运算器Direction端口连接一个Unit X运算器，在该运算器Factor端口连接一个Slider运算器，在其Count端口连接一个Slider运算器，将其数值设置为3，如图2-71所示。

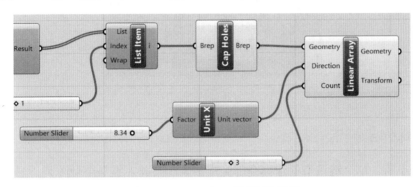

图2-71　Linear Array运算器的设置

视图中，生成三个链条节沿X轴方向的直线阵列。调节Unit X运算器Factor端口的滑块，控制3个链条节之间的距离，使相邻两个链条节之间留有一定的间隙，如图2-72所示。

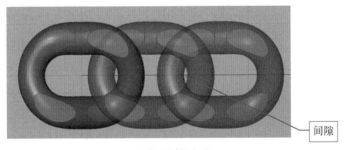

图2-72　直线阵列链条节

创建一个List Item运算器，将其输出端口设置为3个，将其List端口与Linear Array运算器Geometry端口连接。

再创建一个Solid Difference运算器，与List Item运算器的连接方式如图2-73所示。

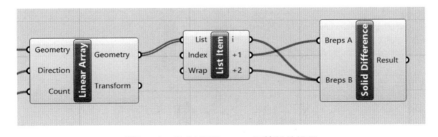

图2-73　Solid Difference运算器的设置

将Solid Difference运算器之外的所有运算器关闭预览，视图中只显示布尔运算的结果。链条节模型上生成4个沟槽，如图2-74所示。

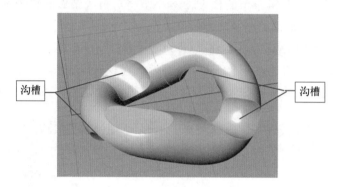

图2-74　布尔运算产生沟槽

2.3.8　阵列链条节

到上一小节，单个链条节的建模全部完成，本小节将对链条节做阵列，形成一条完整的项链。

使用控制点曲线工具，在视图中绘制一条曲线作为阵列路径。注意路径曲线和链条节之间的比例关系，如图2-75所示。

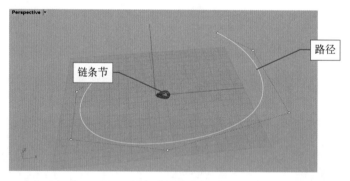

图2-75　绘制阵列路径

在Solid Difference运算器附近创建一个Curve运算器，拾取上一步绘制的阵列路径曲线，转换为GH曲线。再创建一个Curve Frames运算器，与Curve运算器连接；并在其Count端口连接一个Slider运算器，数值设置为50，如图2-76所示。

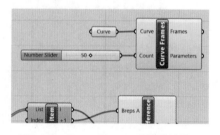

图2-76　Curve Frames运算器的设置

视图中，路径曲线上出现了网格面的阵列。网格面的数量由Curve Frames运算器的Count端口的滑块控制，如图2-77所示。

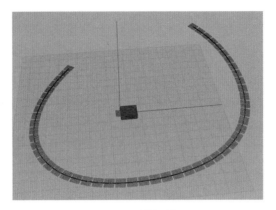

图2-77　阵列网格面

创建一个Orient运算器，将其Geometry端口与Solid Difference运算器连接，将其Target端口与上一步创建的Curve Frames运算器Frames端口连接，如图2-78所示。

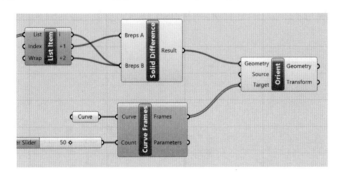

图2-78　Orient运算器的连接

关闭Orient运算器之外所有运算器的预览。

视图中，生成了沿路径曲线阵列的链条节，形成了项链，如图2-79所示。阵列的数量由Curve Frames运算器Count端口的滑块控制。

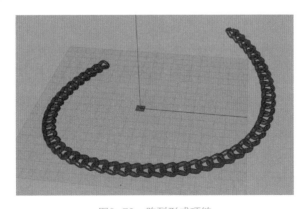

图2-79　阵列形成项链

最后，在Top视图中放大观察链条。调节Curve Frames运算器Count端口的滑块，酌情增加或减少链条数量，使相邻链条之间留有一个恰当的间隙，如图2-80所示。

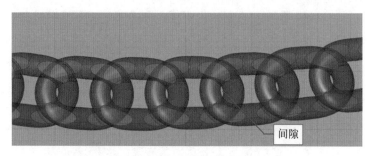

间隙

图2-80　保持合理间隙

2.4　百变挂坠

本节讲解一种不规则镂空多面体挂坠的制作流程，通过调节众多的控制滑块，可以生成无数种不同的外观形态，为个性化定制提供了极大便利。图2-81所示为几种形态的挂坠成品渲染图。

图2-81　几种挂坠成品渲染图

本案例模型源文件保存路径：资源包 > 第2章-珠宝首饰设计 > 2.4-百变挂坠

2.4.1　创建球体

构成挂坠模型的多边形是分布在一个球面上的，因此首先需要创建球体。

创建一个Sphere运算器，在其Radius端口连接一个Slider运算器，如图2-82所示。

视图中，在坐标原点位置生成一个球体，如图2-83所示，其半径由Radius端口的滑块控制。

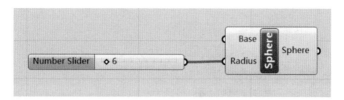

图2-82　Sphere运算器的连接

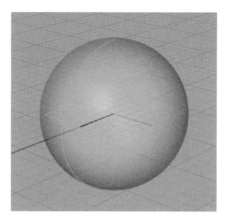

图2-83　生成球体

　　在Sphere运算器下方创建一个Populate 2D运算器，在其Count端口和Seed端口分别连接一个Slider运算器，如图2-84所示。

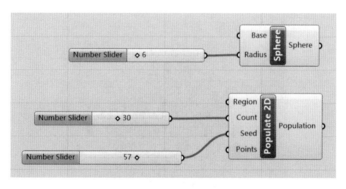

图2-84　Populate 2D运算器的连接

　　视图中生成一个矩形线框，上面随机分布了若干点，点的数量由Populate 2D运算器Count端口的滑块控制，点的分布方式由Populate 2D运算器的Seed端口的滑块控制，如图2-85所示。

　　在Sphere运算器的右侧创建一个Evaluate Surface运算器，将其Surface端口与Sphere运算器连接，将其Point端口与Populate 2D运算器连接，如图2-86所示。

　　视图中，球体表面生成若干个随机分布的网格面，数量由Populate 2D运算器Count端口的滑块控制，如图2-87所示。

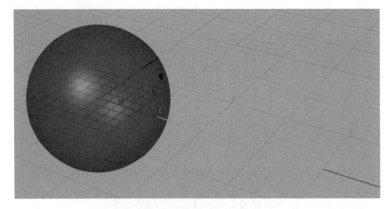

图2-85　Populate 2D运算器的结果

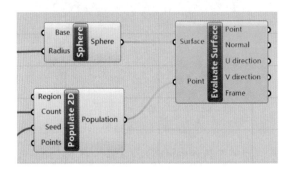

图2-86　Evaluate Surface运算器的连接

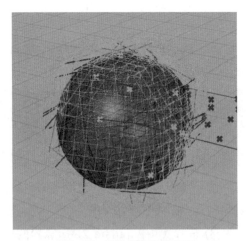

图2-87　球体表面的网格面

2.4.2　Populate 2D运算器的设置

上一小节生成了球体表面的网格面，目前可控的是网格面的数量和分布的状态。本小节将对这个运算器做进一步的设置，继续增加网格面的可控性。

创建一个Curve运算器，将其与上一小节创建的Populate 2D运算器Region端口连接。

再创建一个Rectangle运算器，将其与Curve运算器连接，如图2-88所示。

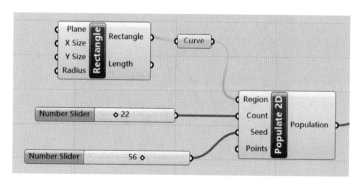

图2-88　创建两个运算器

创建一个Construct Domain运算器，将其输出端口与Rectangle运算器的X Size端口和Y Size端口同时连接。在其Domain start和Domain end端口分别连接一个Slider运算器，如图2-89所示。

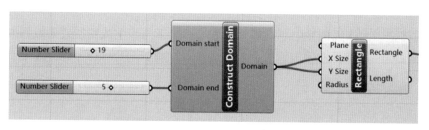

图2-89　Construct Domain运算器的连接

现在，拖动Domain start和Domain end端口的滑块，可以更灵活地控制网格面的分布状态。

2.4.3　生成多边形面

本小节将使用Facet Dome运算器生成多边形面。

在Evaluate Surface运算器右侧创建一个Facet Dome运算器，将其Points端口与Evaluate Surface运算器的Point端口相连，如图2-90所示。

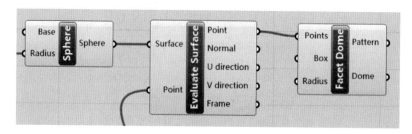

图2-90　Facet Dome运算器的连接

将Facet Dome运算器之外的所有运算器关闭预览，视图中将显示多面体的线框，这些多面体线框其实是网格面相互修剪之后留下来的，如图2-91所示。

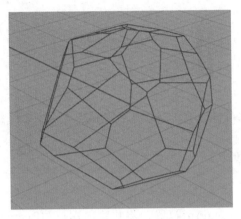

图2-91 多面体线框

2.4.4 创建缩小多边形

本小节将把多面体线框按中心点等比例缩小，为下一步生成镂空效果做好准备工作。

在Facet Dome运算器右侧创建一个Area运算器，将其与Facet Dome运算器的Pattern端口连接起来，如图2-92所示。

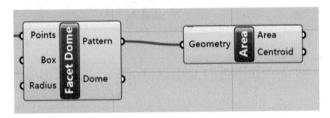

图2-92 Area运算器的连接

在每个多边形线框的中心生成一个点，如图2-93所示。

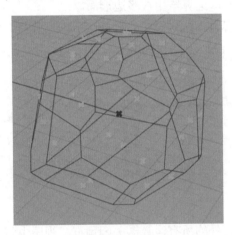

图2-93 生成中心点

创建一个Scale运算器，将其Geometry端口与Facet Dome运算器的Pattern端口连接，将其Center端口与Area运算器的Centroid端口连接。在其Factor端口连接一个Slider运算器，设置一个小于1的数值，如图2-94所示。

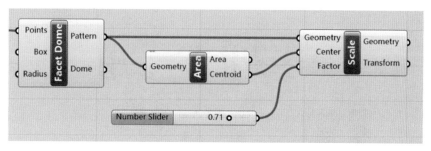

图2-94　Scale运算器的连接

视图中，每个多边形线框里都生成了一个等比例缩小的线框，如图2-95所示。

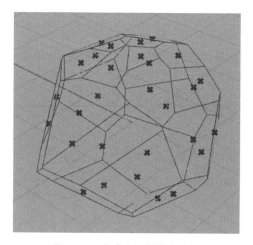

图2-95　生成比等例缩小线框

2.4.5　生成镂空多面体

上一小节完成了多面体线框的创建，本小节通过放样工具生成镂空多边形的表面。

创建一个Weave运算器，将其Stream 0端口与Facet Dome运算器的Pattern端口连接，Stream 1端口与Scale运算器的Geometry端口连接，将其Stream 0和Stream 1端口设置为Graft模式，如图2-96所示。

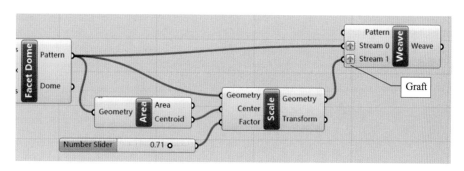

图2-96　Weave运算器的设置

创建一个Loft运算器，将其Curves端口与Weave运算器的Weave端口连接，如图2-97所示。

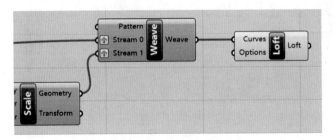

图2-97　Loft运算器的连接

视图中，多面体的边框和中心缩小的线框直接生成了平面，形成了镂空的多面体，如图2-98所示。

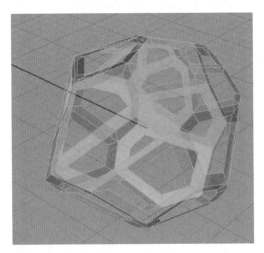

图2-98　生成镂空多面体

挂坠模型至此完成。

第3章
建筑设计

　　Grasshopper 对于建筑设计，不同于一般的多边形建模软件生成的长方体为主的模型，而是可以创建极具创意的建筑外观，而且可以方便地修改参数，极大地提高了设计效率，优化了设计流程，成为一种革命性的设计方法。

　　本章的 4 个建筑案例或时尚，或科幻，或精巧，无处不体现出参数化建模的魅力。

3.1 外星气泡屋

外星气泡屋是典型的科幻建筑，用于未来建立在地外星球上的一种建筑。其外形是若干个半球形，半球之间互相连接，带有大量采光窗口。外星气泡屋的成品渲染图如图3-1所示。

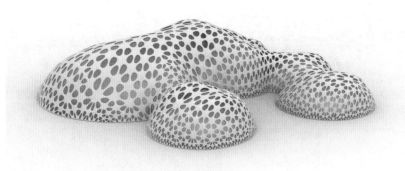

图3-1 外星气泡屋成品渲染图

制作该模型需要使用Kangaroo和Weaverbird's插件，需要事先安装好Weaverbird's插件。可以到本书的资源包中的plug-in文件夹中下载并安装。

> 本案例模型源文件保存路径：资源包 > 第3章-建筑设计 > 3.1-外星气泡屋

3.1.1 生成随机分布圆形

本小节将创建若干个在一个正方形区域内随机半径和随机分布的圆形，作为气泡屋的底座。

在GH工作区，创建一个Rectangle运算器，再创建一个Slider运算器，将其与Rectangle运算器的X Size端口和Y Size端口同时连接。视图中，生成一个边长为11的正方形，如图3-2所示。

创建一个Populate 2D运算器和一个Circle运算器，将Populate 2D运算器与Rectangle运算器和Circle运算器首尾相连。在Populate 2D运算器的Count端口连接一个Slider运算器，如图3-3所示。

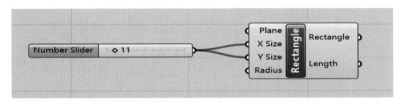

图3-2 生成正方形

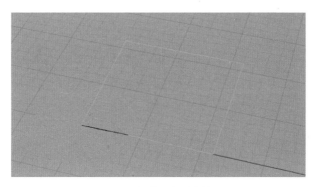

图3-2 生成正方形（续）

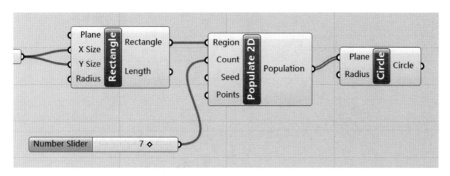

图3-3 Populate 2D和Circle运算器的连接

视图中，生成几个随机分布的点，以每个点为圆心生成了圆形，点的数量由Populate 2D运算器的Count端口的滑块控制。如需改变随机点的分布，可以在Populate 2D运算器的Seed端口连接一个滑块进行设置。

创建一个Random和一个List Length运算器，将这两个运算器与Populate 2D运算器和Circle运算器首尾相连，如图3-4所示。

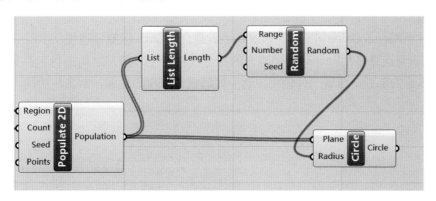

图3-4 Random和List Length运算器的连接

创建一个Construct Domain运算器，将其与Random运算器的Number端口连接起来，将其两个输入端口分别连接一个Slider运算器，如图3-5所示。

视图中，圆的半径呈现随机分布，如图3-6所示。

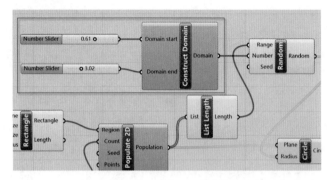

图3-5　Construct Domain运算器的连接

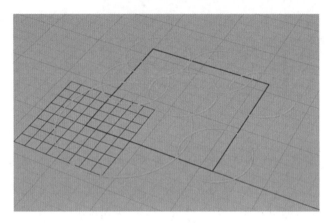

图3-6　圆的半径随机分布

3.1.2　创建底座

上一小节生成了随机分布的圆形。本小节将利用这些圆生成底座轮廓并挤压出厚度，成为底座模型。

创建一个Region Union运算器，将其Curves端口与Circle运算器连接。

关闭Circle运算器和Rectangle运算器的预览。视图中，圆形之间进行了并集运算，删除了内部重合的部分，只留下外轮廓，这个轮廓就是底座的轮廓，如图3-7所示。

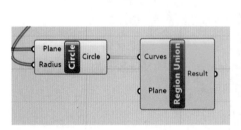

图3-7　圆形的布尔运算

创建一个Boundary Surfaces运算器，将其与Region Union运算器连接。视图中，底座的轮廓内部生成了填充面，如图3-8所示。

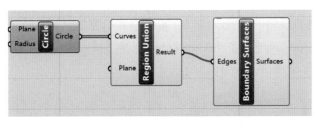

图3-8　底座轮廓的填充

创建一个Extrude运算器和一个Unit Z运算器。将Extrude输入端口分别与Boundary Surfaces运算器和Unit Z运算器连接。在Unit Z运算器的输入端口连接一个Slider。视图中，底座生成了厚度，成为三维实体，如图3-9所示。

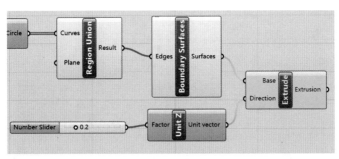

图3-9　生成底座厚度

3.1.3 生成底座周围圆管

上一小节完成了气泡屋底座的创建，本小节创建底座边缘的一圈圆管。

创建一个Move运算器和一个Unit Z-1（重命名）运算器，将Move运算器的两个输入端口分别与Boundary Surfaces运算器和Unit Z-1运算器连接。Unit Z-1运算器输入端口与Unit Z运算器的滑块连接，如图3-10所示。

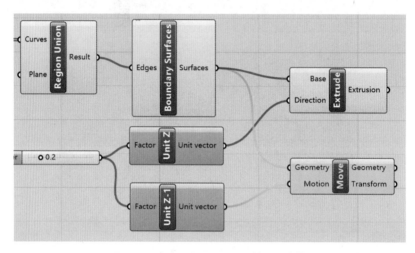

图3-10　Move和Unit Z-1运算器的连接

创建一个Pipe运算器，将其与Move运算器连接，在其Radius端口连接一个Slider运算器。视图中，底座上端面的轮廓上生成一圈圆管，如图3-11所示。

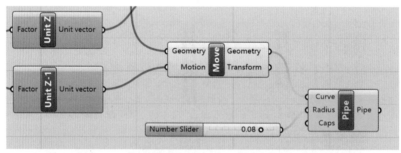

图3-11　生成底座轮廓圆管

3.1.4 解算球面

到上一小节，完成了气泡屋底座部分的建模。本小节将通过Kangaroo插件解算气泡屋的穹顶曲面。

创建一个Boundary Surfaces运算器和一个Mesh运算器，将两个运算器与Move运算器首尾相连，如图3-12所示。

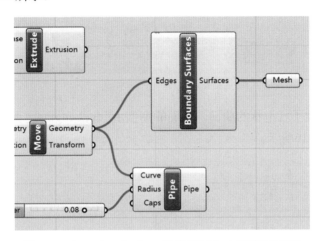

图3-12　Boundary Surfaces运算器和Mesh运算器的连接

创建3个运算器：NakedVertices、EdgeLengths和Show。将3个运算器同时与Mesh运算器连接。在EdgeLengths运算器的LengthFactor端口连接一个Slider运算器，如图3-13所示。

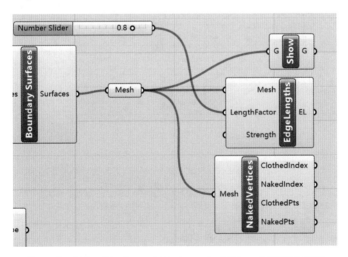

图3-13　NakedVertices、EdgeLengths和Show运算器的连接

创建一个Load运算器和一个Anchor运算器。将Load运算器的Point端口与NakedVertices运算器的ClothedPts端口连接，在其Force vector端口连接一个Unit Z运算器。将Anchor运算器的Point端口与NakedVertices的NakePts端口连接，如图3-14所示。

创建一个Solver运算器，将其GoalObjects端口同时与Show运算器、EdgeLengths运算器、Load运算器和Anchor运算器连接，如图3-15所示。

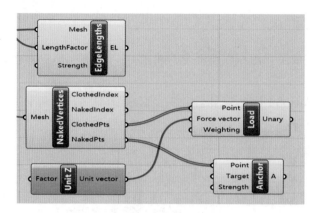

图3-14　Load和Anchor运算器的连接

经过解算，生成了气泡状的曲面，曲面的高度由EdgeLengths运算器LengthFactor端口的滑块控制，如图3-16所示。

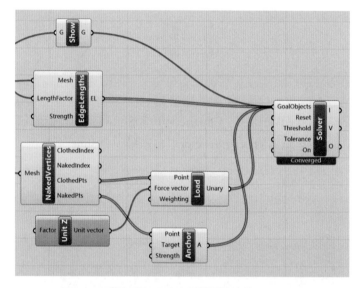

图3-15　Solver运算器的连接

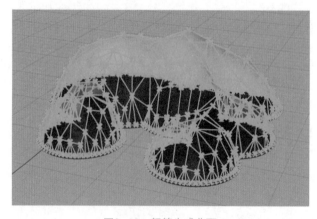

图3-16　解算生成曲面

3.1.5　创建蜂巢结构

上一小节完成了气泡状曲面的解算，本小节将利用这个曲面制作其表面的蜂巢状结构。

创建一个Explode Tree运算器和一个Mesh运算器，将两个运算器与Solver运算器首尾相连，如图3-17所示。

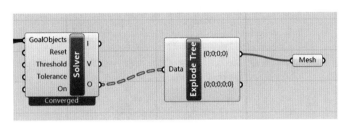

图3-17　Explode Tree和Mesh运算器的连接

创建一个Weaverbird's Loop Subdivision运算器和一个Weaverbird's Picture Frame运算器，将两个运算器与Mesh运算器首尾相连，如图3-18所示。

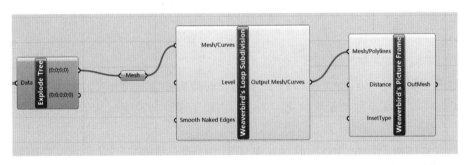

图3-18　Weaverbird's Loop Subdivision和Weaverbird's Picture Frame运算器的连接

创建一个Weaverbird's Mesh Thicken运算器和一个Weaverbird's Catmull-Clark Subdivision运算器，将两个运算器与Weaverbird's Picture Frame运算器首尾相连，在Distance和Level端口分别连接一个Slider运算器，如图3-19所示。

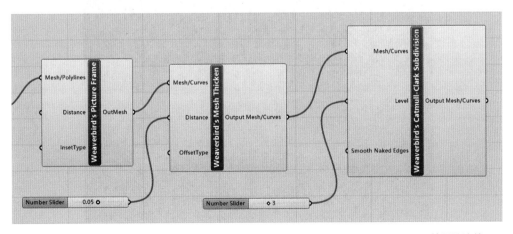

图3-19　Weaverbird's Mesh Thicken和Weaverbird's Catmull-Clark Subdivision运算器的连接

将Solver、Explode、Weaverbird's Picture Frame和Weaverbird's Mesh Thicken运算器的预览关闭。视图中，生成了蜂巢状的结构，Distance和Level端口的滑块分别用于控制蜂巢结构的厚度和开孔大小，如图3-20所示。

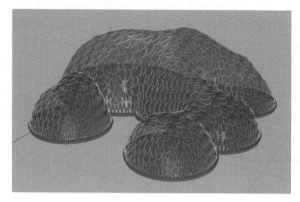

图3-20　生成蜂巢状结构

本案例至此全部完成。

3.2　安联球场

慕尼黑安联球场（Allianz Arena）以它精巧的结构和壮丽的外观，成为慕尼黑以至德国的荣耀。安联球场是欧洲最现代化的球场，由瑞士设计师雅克·赫尔佐格和皮埃尔·缪隆设计。

球场外墙体由2874个气垫构成，其中1056个气垫在比赛中可以发光。当体育场中比赛的球队发生变化时，墙体的颜色就可以随之改变，其奇妙之处远超想象。慕尼黑人非常喜欢这个体育场，并亲切地将其称为"安全带"或"橡皮艇"。图3-21为安联球场实景照片。

图3-21　安联球场实景照片

这个案例的建模难点在于如何表现体育场外表面光滑而凸起的气垫。气垫实景照片如图3-22所示。

图3-22　外表面气垫

GH创建的安联球场成品三维渲染图如图3-23所示。使用Weaverbird插件中的细分功能，可以较好地表现出气垫的凹凸感。

图3-23　安联球场三维成品渲染图

外表面气垫的局部渲染图如图3-24所示。

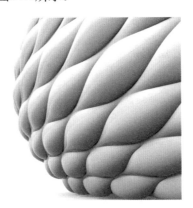

图3-24　气垫局部渲染图

本案例模型源文件保存路径：资源包 > 第3章-建筑设计 > 3.2-安联球场

3.2.1 创建外表面模型

本小节将创建球场模型的基础曲面，方法是采用Rhino中的双轨扫掠工具生成曲面。

使用Rhino打开资源包中的3.2_curves.3dm模型文件。场景中包含三条曲线，分别为底部轮廓、开口轮廓和侧面轮廓，如图3-25所示。

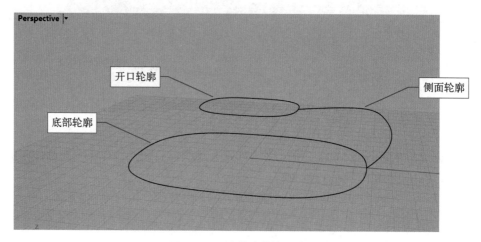

图3-25　三条轮廓曲线

执行"双轨扫掠"命令，依次选择开口、底部和侧面轮廓曲线并回车确认，将弹出"双轨扫掠选项"对话框，无须做任何设置，单击底部的"确定"按钮即可，如图3-26所示。

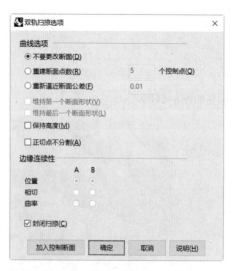

图3-26　"双轨扫掠选项"对话框

生成的扫掠曲面如图3-27所示。

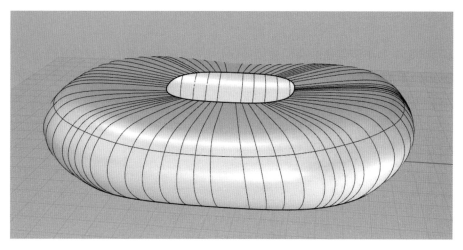

图3-27　生成扫掠曲面

选中扫掠曲面，执行"重建曲面"命令，在"重建曲面"对话框中，将U向的分段数设为20，V向的分段数设为8，如图3-28所示。

图3-28　"重建曲面"对话框的设置

重建的曲面如图3-29所示。

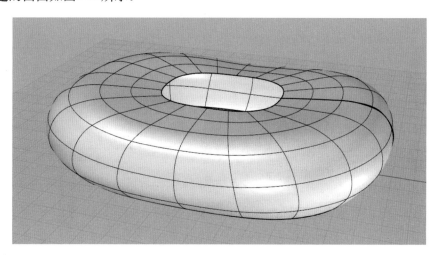

图3-29　重建的曲面

3.2.2 创建GH网格面

本小节将把上一小节创建的曲面转换为GH网格面，为后续的设置做好准备。

打开GH，新建一个工作区，创建一个Surface运算器。在其上单击右键，执行Set one Surface命令。在视图中单击扫掠曲面，将其设置为GH曲面，如图3-30所示。

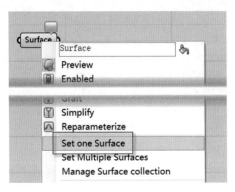

图3-30　设置GH曲面

将Rhino创建的扫掠曲面暂时隐藏。

创建一个Rebuild Surface运算器，将其与Surface运算器连接，在其U Number和V Number端口连接同一个Slider运算器，如图3-31所示。

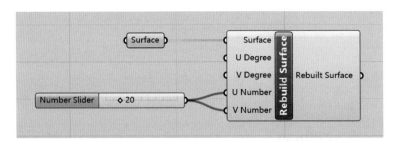

图3-31　Rebuild Surface运算器的连接

创建一个Skewed Quads运算器，将其与Rebuild Surface运算器连接。在其U Divisions和V Divisions端口分别连接一个Slider运算器，如图3-32所示。

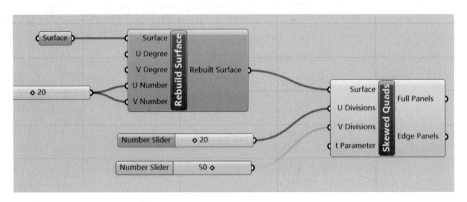

图3-32　Skewed Quads运算器的连接

视图中，外表曲面进行了重建并转换成了四边形面，如图3-33所示。

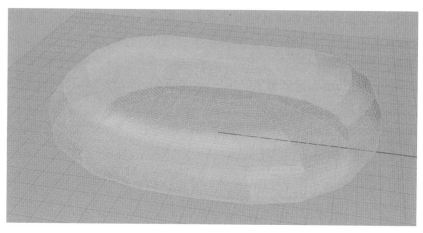

图3-33　重建曲面

现在的外部曲面由规则的四边形面构成，为了表现球场表面呈菱形分布的气垫，需要对曲面的法线方向做重新设置。

关闭隐藏Rhino创建的扫掠曲面，将其显示出来。选中扫掠曲面，执行"方向分析"命令（命令行输入dir）。扫掠曲面处于法线方向设置状态。

在Rhino命令行，会显示4个UV设置按钮，如图3-34所示。

```
指令: _Dir
按 Enter 完成 ( 反转U(U)  反转V(V)  对调UV(S)  反转(F) ):
```

图3-34　UV设置按钮

首先单击"对调UV"按钮，然后在扫掠曲面上单击设置对调UV方向。再单击"反转U"按钮，然后在扫掠曲面上单击，设置反转U方向。最后单击"反转V"按钮，在扫掠曲面上单击，设置反转V方向。最后回车确认操作。

上述3个操作完成后，将光标放在曲面上，UV方向的箭头应如图3-35所示。

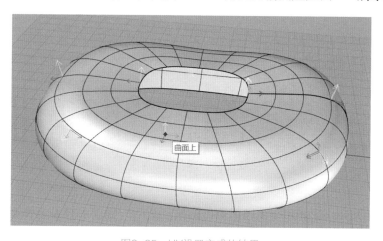

图3-35　UV设置完成的结果

上述3个UV设置的顺序请严格按照文字表述操作，切勿弄乱顺序，否则可能无法生成菱形表面。

在GH工作区，对Surface运算器重新执行Set One Surface命令，拾取重新设置过UV的扫掠曲面。

将Surface和Rebuild Surface运算器关闭预览。视图中，外表曲面的表面已经转换为由菱形面构成，如图3-36所示。

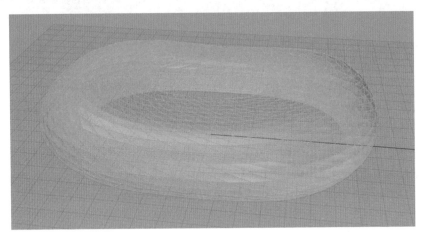

图3-36　转换为菱形表面

3.2.3　提取网格线

本小节将提取表面曲面上的菱形网格线，为下一步生成凹凸气垫表面做好准备。

创建3个运算器：Partition List、Brep Join和Brep Edges。将3个运算器与Skewed Quads运算器首尾相连。在Partition List运算器的Size端口连接一个Slider运算器，如图3-37所示。

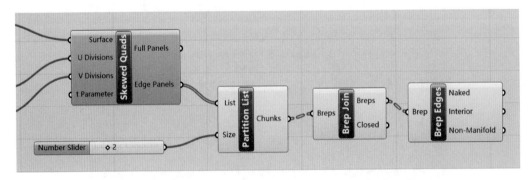

图3-37　Partition List、Brep Join和Brep Edges运算器的连接

将Skewed Quads和Partition List运算器的预览关闭，视图中只显示侧面轮廓曲线方位上的一串菱形面，如图3-38所示。

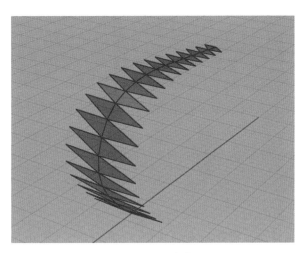

图3-38　显示一串菱形面

创建3个运算器：Join Curves、Discontinuity和PolyLine，将3个运算器与Brep Edges运算器首尾相连，如图3-39所示。

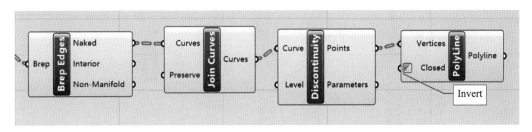

图3-39　Join Curves、Discontinuity和PolyLine运算器的连接

视图中，生成了菱形面4个角上的顶点，如图3-40所示。

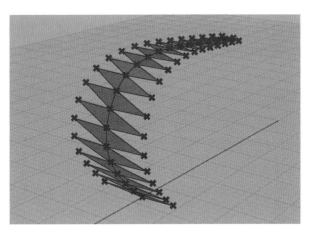

图3-40　生成菱形顶点

在Discontinuity上方创建一个Discontinuity-1（重命名）运算器和一个PolyLine-1（重命名）运算器。将Discontinuity-1运算器的Curve输入端口与Skewed Quads运算器的Full Panels端口连接，如图3-41所示。

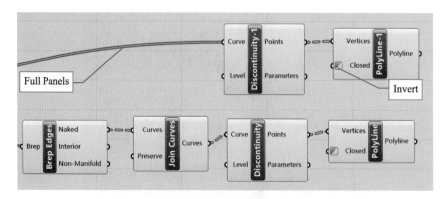

图3-41　Discontinuity-1和PolyLine-1运算器的连接

创建一个Merge运算器，将其输入端口分别与PolyLine和PolyLine-1连接，如图3-42所示。

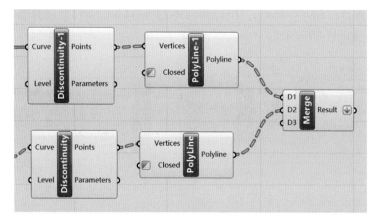

图3-42　Merge运算器的连接

通过上述操作，表面曲面上所有菱形的边缘都被提取出来。关闭Brep Join运算器的预览，视图中只显示所有菱形的边缘和4个顶点，如图3-43所示。

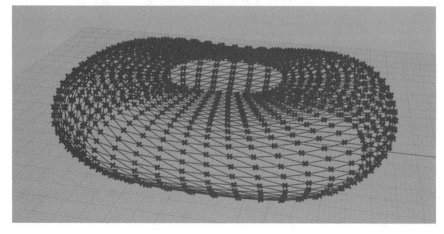

图3-43　提取菱形网格和顶点

3.2.4 生成凹凸面

上一小节提取了所有外表面上的菱形边和顶点，本小节将利用这些元素生成凹凸面。

创建一个Discontinuity-2（重命名）运算器和一个Average运算器，将两个运算器与上一小节最后创建的Merge运算器首尾相连，如图3-44所示。

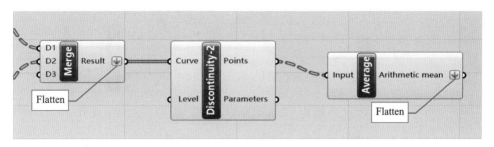

图3-44　Discontinuity-2和Average运算器的连接

通过上述操作，在每个菱形的几何中心上生成一个点，如图3-45所示。

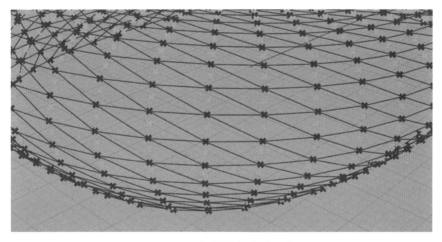

图3-45　生成菱形几何中心点

创建一个Surface Closest Point运算器和一个Evaluate Surface运算器。将Surface Closest Point运算器的Point端口与Average运算器连接，将其Surface端口与3.2.2小节创建的Rebuild Surface运算器连接。

将Evaluate Surface运算器的Point端口与Surface Closest Point运算器的UV Point端口连接。在Surface Closest Point运算器与Rebuild Surface运算器的连线上双击鼠标，创建一个Relay（中继）节点。将Evaluate Surface运算器的Surface端口与Relay（中继）节点连接（相当于和Rebuild Surface运算器连接），如图3-46所示。

视图中，以每个菱形的中点为中心生成了网格面，如图3-47所示。

创建3个运算器：Brep Edges、List Item和Curve Closest Point-1（重命名）。将3个运算器与Relay（中继）节点首尾相连，将Curve Closest Point-1运算器的Point输入端口与Average运算器连接，如图3-48所示。

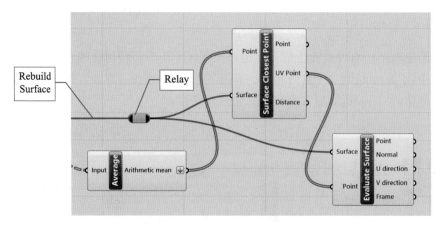

图3-46　Surface Closest Point和Evaluate Surface运算器的设置

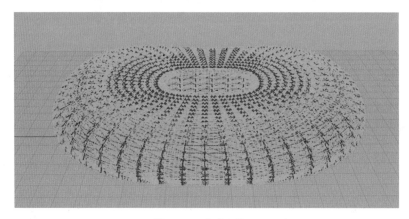

图3-47　生成网格面

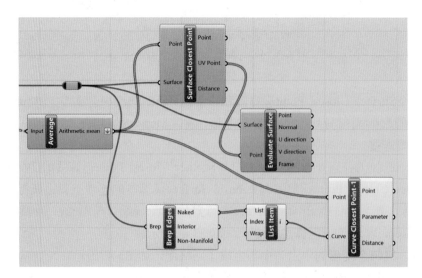

图3-48　Brep Edges、List Item和Curve Closest Point-1运算器的连接

　　将Brep Edges、List Item、Curve Closest Point、Evaluate Surface、Discontinuity-1和Discontinuity等运算器关闭预览。

视图中，只显示菱形网格，如图3-49所示。

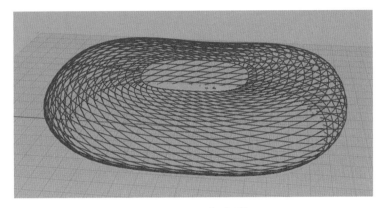

图3-49　显示菱形网格

创建3个运算器：Construct Domain、Remap Numbers和Bounds。将Curve Closest Point-1运算器和Bounds运算器、Remap Numbers运算器首尾相连。

将Construct Domain运算器与Remap Numbers运算器连接，在其Domain start端口和Domain end端口分别连接一个Slider运算器，如图3-50所示。

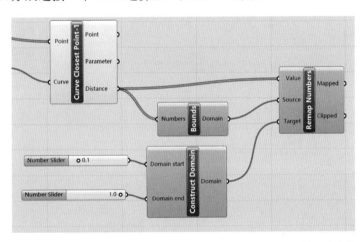

图3-50　Construct Domain、Remap Numbers和Bounds运算器的连接

创建3个运算器：Amplitude、Multiplication和Move。将3个运算器与Evaluate Surface运算器首尾相连。在Amplitude运算器的Amplitude端口连接一个Slider运算器。

将Multiplication的B端口与Remap Numbers运算器连接，将Move运算器的Geometry端口与Average运算器连接，如图3-51所示。

视图中，再次生成了菱形网格面的几何中心点。但是这次生成的中心点在法线方向上可以调节其位置，调节方法是拖动Amplitude运算器Amplitude端口的滑块。

最后，创建一个Extrude Point运算器，将其Point端口与Move运算器连接，将其Base端口与Merge运算器连接，如图3-52所示。

视图中，每个菱形网格都生成了一个四棱锥形状的凸起。凸起的高度可以通过Amplitude端口的滑块控制，如图3-53所示。

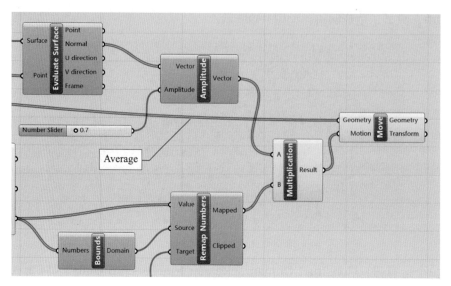

图3-51　Amplitude、Multiplication和Move运算器的连接

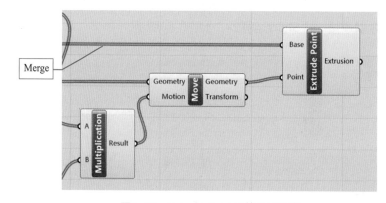

图3-52　Extrude Point运算器的连接

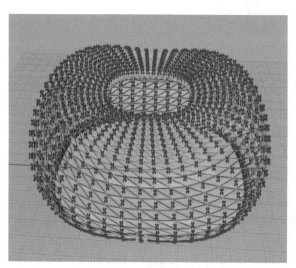

图3-53　生成锥形凸起

如果读者生成的锥形面是向里凹的，在Multiplication运算器和Move运算器之间插入一个Reverse（反转）运算器，即可将凸起的方向反转，如图3-54所示。

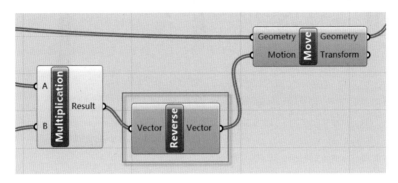

图3-54　Reverse运算器的设置

3.2.5　表面的细分处理

上一小节完成了锥形面的创建，本小节将对锥形面做细化、平滑处理，使之成为圆润的表面。

创建3个运算器：Deconstruct Brep、Discontinuity-3（重命名）和Construct Mesh。将3个运算器与上一小节最后创建的Extrude Point运算器首尾相连。再创建一个Mesh Triangle运算器，将其与Construct Mesh运算器的Faces端口连接，如图3-55所示。

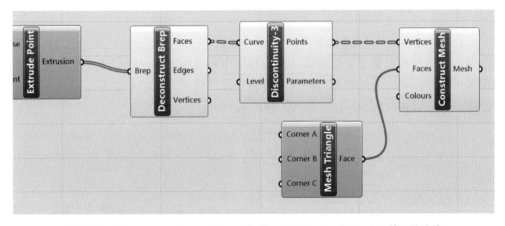

图3-55　Deconstruct Brep、Discontinuity-3和Construct Mesh运算器的连接

经过上述步骤，锥形面都被转换成了三角面，为后续的细化和平滑做好了准备。

创建三个运算器：Shift Paths、Mesh Join和Weaverbird's Constant Quads Split Subdivision（以下简称Subdivision）。将三个运算器与Construct Mesh运算器首尾相连，在Subdivision运算器的Smooth Naked Edges端口连接一个Number Slider运算器，如图3-56所示。

将Subdivision运算器之前的所有运算器关闭预览。为了方便观察，在其输出端口连接一个Custom Preview运算器，如图3-57所示。

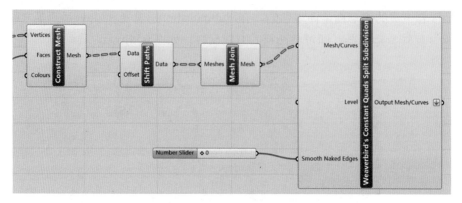

图3-56　Shift Paths、Mesh Join和Subdivision运算器的连接

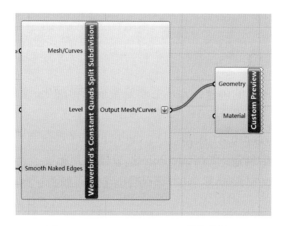

图3-57　Custom Preview运算器的设置

　　视图中，锥形表面做了平滑处理，在透视图中可以观察到已经有了平滑的效果。但是在侧视图中观察，可以看到锥形的外形并没有变化，说明目前的平滑只是一种视觉效果的平滑处理，并非真正的细分平滑，如图3-58所示。

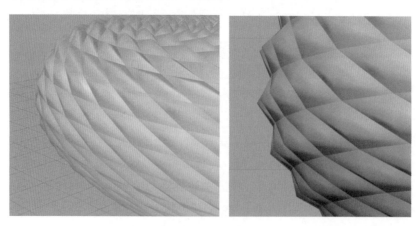

图3-58　视觉平滑处理

　　创建一个Mesh Join运算器和一个Weaverbird's Mesh Thicken（以下简称Thicken）运算器。将两个运算器与Subdivision运算器首尾相连。在Thicken运算器的Distance端口连接一

个Slider运算器，如图3-59所示。

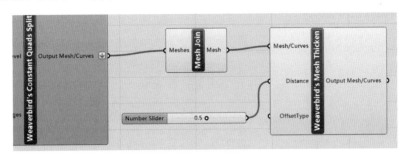

图3-59　Mesh Join和Weaverbird's Mesh Thicken运算器的连接

Thicken运算器用于生成曲面的厚度，其Distance端口的滑块用于控制厚度的距离。视图中，曲面上下两端的开孔边缘都生成了厚度，如图3-60所示。

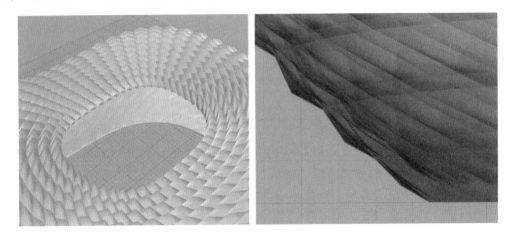

图3-60　生成曲面厚度

创建一个Weaverbird's Catmull-Clark Subdivision运算器，将其与Thicken运算器连接。在其Level端口连接一个Slider运算器，其Smooth Naked Edges端口与Subdivision运算器的Slider运算器连接，如图3-61所示。

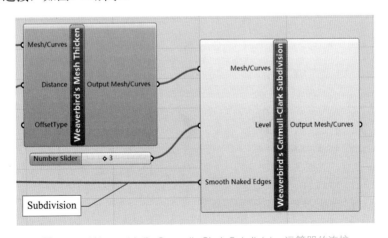

图3-61　Weaverbird's Catmull-Clark Subdivision运算器的连接

经过上述步骤，曲面已经得到了细分平滑处理，视图中的效果如图3-62所示。至此，运动场外表面建模全部完成。

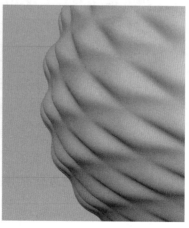

图3-62　细分平滑处理的曲面

3.3　张拉膜结构

张拉膜结构（亦称膜结构）是20世纪中期发展起来的一种新型建筑结构类型，它打破了纯直线建筑风格的模式，以其独有的优美曲面造型，简洁、明快的特点，刚与柔、力与美的组合，给人耳目一新的感觉，同时给建筑设计师提供了更大的想象和创造空间。

膜结构根据其支撑方式可分为骨架式、张拉式和充气式等几种类型。本案例属于张拉式膜结构，以钢索和立柱导入张力来固定膜材，外形轻灵、美观，是最能展现膜结构精神的一种形式。模型成品渲染图如图3-63所示。

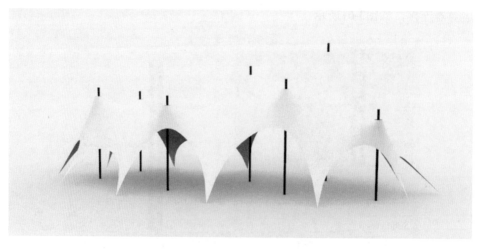

图3-63　张拉式膜结构成品渲染图

创建该模型需要使用Mesh edit插件，请提前安装好该插件。这个插件的安装文件可以在配套资源包的plug-in文件夹中找到。

本案例模型源文件保存路径：资源包 > 第3章-建筑设计 > 3.3-张拉膜结构

3.3.1　创建矩形点阵

这个膜结构模型的锁定点和立柱都是基于一个平面地基创建的，所以建模的第一步是创建矩形点阵形式的地基。

在GH工作区，创建一个Rectangle运算器和一个XY Plane运算器，将Rectangle运算器的Plane端口与XY Plane运算器连接，在其X Size端口和Y Size端口分别连接一个Slider运算器，如图3-64所示。

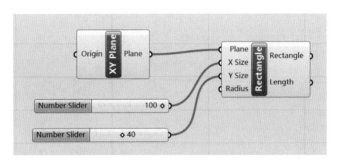

图3-64　Rectangle和XY Plane运算器的连接

视图中，在XY坐标平面生成一个长度为100、宽度为40的矩形，其左下角位于坐标原点，如图3-65所示。

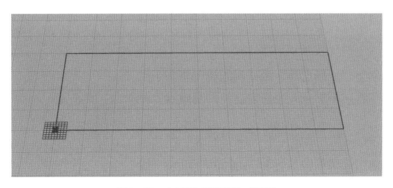

图3-65　在XY坐标平面生成矩形

创建4个运算器：Division、Multiplication、Mesh Surface和Face Normals。将4个运算器首尾相连，将Division运算器的两个输入端口分别与X Size和Y Size端口的滑块连接。

再创建一个Slider运算器，分别与Multiplication运算器和Mesh Surface运算器连接。具体连接方式如图3-66所示。

此步骤将生成一个由大量点构成的矩阵，点的数量由Multiplication运算器B端口的滑块控制，如图3-67所示。

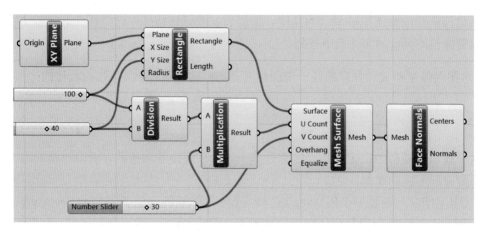

图3-66 Division、Multiplication、Mesh Surface和Face Normals运算器的连接

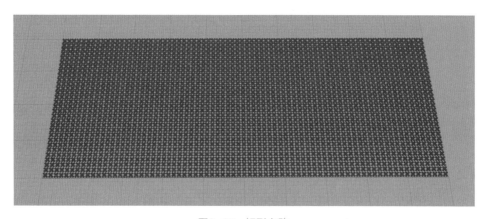

图3-67 矩形点阵

3.3.2 支柱基座点的创建

上一小节创建了矩形点阵，膜结构的模型将基于点阵创建。本小节将在矩形点阵上指定支柱的基座点，并做相关处理。

在Mesh Surface上方创建一个Point运算器，在其上单击右键，在弹出的菜单中执行Set Multiple Points（设置多个点）命令，如图3-68所示。

在视图中的矩形点阵上根据需要依次手动指定几个点，作为支柱的基座点，如图3-69所示。

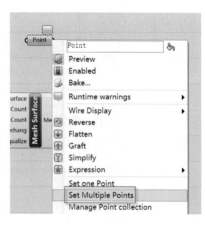

图3-68 Set Multiple Points命令

> **提示**
>
> 指定完点之后，还可以在视图中通过移动改变点的位置。

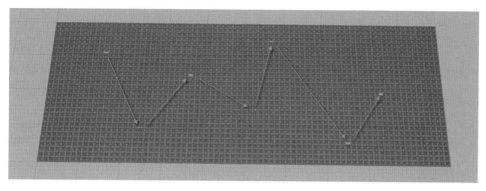

图3-69　指定支柱基座点

创建一个Closest Point运算器，将其输入端口分别与Point运算器和Face Normals运算器连接，如图3-70所示。

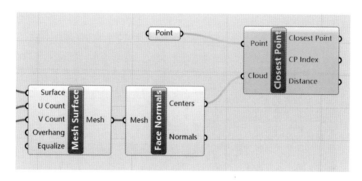

图3-70　Closest Point运算器的连接

Closest Point运算器用于在矩形点阵上找到一个离指定点最近的点。如图3-71所示，带有坐标的点是手动指定的点，其周围的点是矩阵上的点。右上角显示为绿色的点，就是运算器找到的离指定点最近的点。

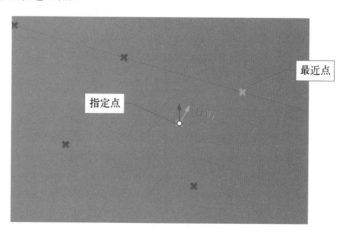

图3-71　Closest Point运算器的工作原理

创建一个Closest Points运算器，将其与Closest Point运算器连接起来，将其Cloud端口与Face Normals运算器连接，在其Count端口连接一个Panel面板，如图3-72所示。

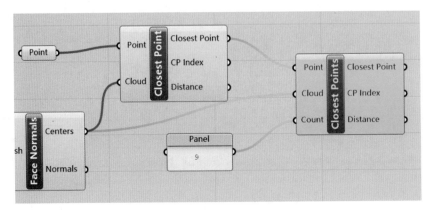

图3-72　Closest Points运算器的连接

上述步骤，找出了指定点周围的9个距离最近的点，这些点呈正方形排列，如图3-73所示。

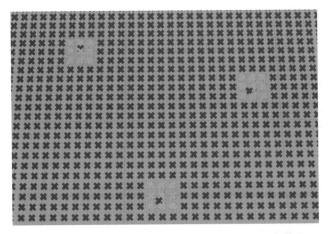

图3-73　距离最近的9个点

特别提示

Closest Points和Closest Point是两个不同的运算器，选择时请格外留意，如图3-74所示。

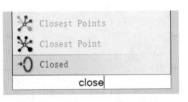

图3-74　一字之差的运算器

创建3个运算器：Mesh Explode（需安装Mesh edit插件）、Cull Index和Combine&Clean。将3个运算器首尾相连，将Cull Index运算器的Indices端口与Closest Points运算器连接，将Mesh Explode运算器的输入端与Mesh Surface运算器连接，如图3-75所示。

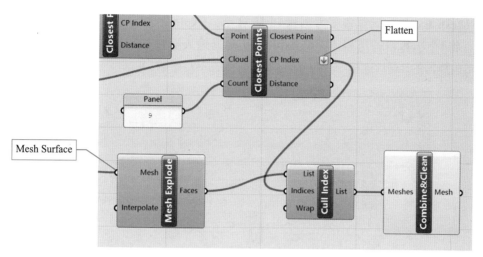

图3-75 Mesh Explode、Cull Index和Combine&Clean运算器的连接

将Combine&Clean运算器之外的其他运算器都关闭预览。

3.3.3 创建基座椭圆

本小节将利用矩形基座的四个顶点，创建一个最小化的椭圆形，作为张拉结构的锚定点轨迹。

创建一个NakedVertices和一个Point运算器，将两个运算器与Combine&Clean运算器首尾相连。选中Point运算器时，视图中，几个基座点周围的最近点和底座边缘上的点处于选中状态，如图3-76所示。

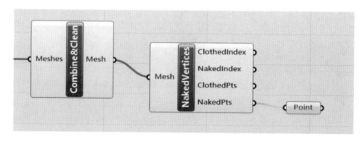

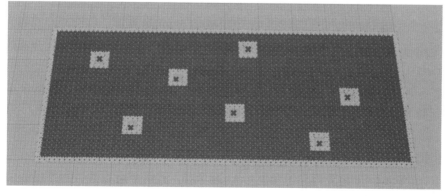

图3-76 NakedVertices和Point运算器的连接

在Mesh Explode运算器下方创建4个运算器：Explode、Length、Division和Divide Curve。将4个运算器首尾相连，将Explode运算器输入端口与Rectangle运算器连接，在Division运算器的B端口连接一个Slider运算器，如图3-77所示。

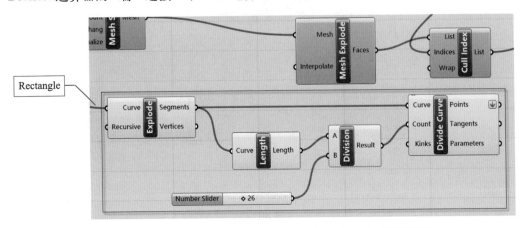

图3-77　Explode、Length、Division和Divide Curve运算器的连接

通过上述步骤，在矩形基座的边缘按照指定的间距标记出若干个点，间距数值由Division运算器B端口的滑块控制，如图3-78所示。

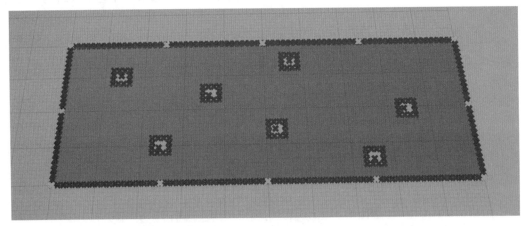

图3-78　按指定间距标记点

创建一个Cull Duplicates运算器和一个Closest Point运算器，将两个运算器与Divide Curve运算器首尾相连，将Closest Point运算器的Cloud端口与NakedVertices运算器连接，如图3-79所示。

创建一个Cull Index-1（重命名）运算器和一个Interpolate运算器，将两个运算器与Explode运算器首尾相连，在Cull Index-1运算器Indices端口连接一个Panel面板，如图3-80所示。

视图中，基于矩形底座的4个顶点生成了一个椭圆，如图3-81所示。

创建一个Scale NU运算器和一个Average运算器，将两个运算器与Cull Index-1运算器首尾相连，将Scale NU运算器Geometry端口与Interpolate运算器连接，将Scale Y端口连接一个Slider运算器，如图3-82所示。

视图中，生成一个Y轴向收窄的椭圆，其收窄比例由Scale NU运算器Scale Y端口的滑块控制，如图3-83所示。

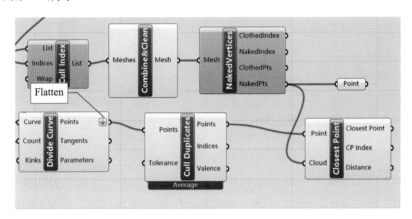

图3-79　Cull Duplicates和Closest Point运算器的连接

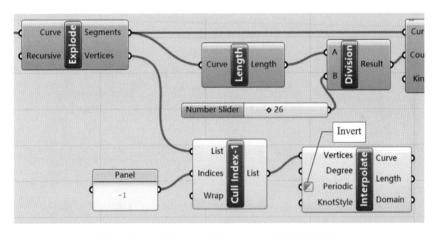

图3-80　Cull Index-1和Interpolate运算器的连接

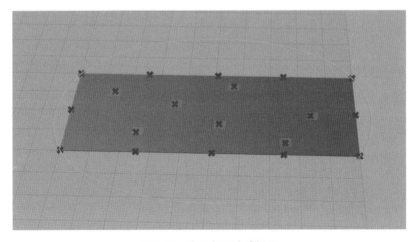

图3-81　基于矩形生成椭圆

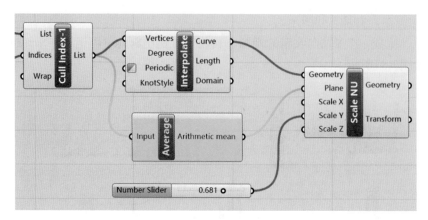

图3-82　Scale NU和Average运算器的连接

创建一个Curve Closest Point运算器和一个Anchor运算器，将两个运算器与Scale NU运算器首尾相连，将二者的Point端口同时与Closest Point运算器连接，如图3-84所示。

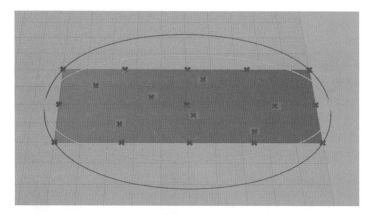

图3-83　生成收窄椭圆

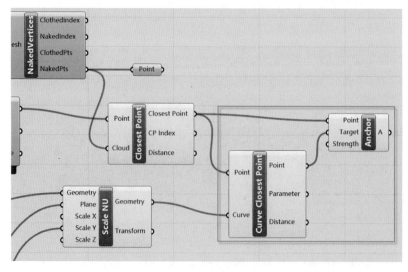

图3-84　Curve Closest Point和Anchor运算器的连接

通过上述步骤，在收窄的椭圆上生成了几个相对于矩形边缘点的最近点，如图3-85所示。

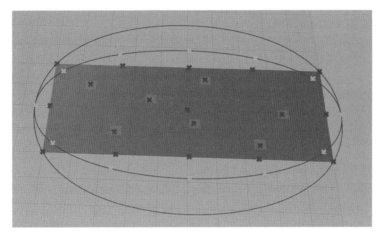

图3-85　椭圆上生成最近点

3.3.4　创建支柱截面

本小节将基于支柱基座位置，创建膜结构圆形开孔截面。

在3.3.2小节创建的Combine&Clean运算器上方创建4个运算器：Mesh Edges、Length、Multiplication和Length（Line）。将4个运算器与Combine&Clean运算器首尾相连，将Length（Line）运算器与Mesh Edges运算器连接，在Multiplication的A端口连接一个Slider运算器，如图3-86所示。

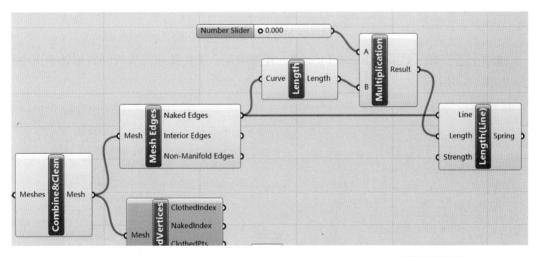

图3-86　Mesh Edges、Length、Multiplication和Length（Line）运算器的连接

将Length运算器、Multiplication运算器和Length（Line）运算器复制一份。重新连接3个运算器，具体连接方法如图3-87所示。

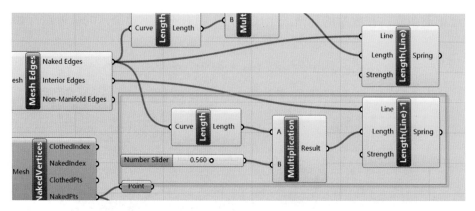

图3-87　复制三个运算器

创建3个运算器：Join Curves、Cull Index-2和Curve Closest Point。将3个运算器与Mesh Edges运算器收尾相连，将Curve Closest Point运算器的Point端口与NakedVertices运算器连接，在Cull Index-2运算器Indices端口连接一个Slider运算器，如图3-88所示。

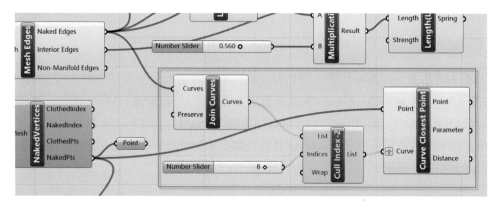

图3-88　Join Curves、Cull Index-2和Curve Closest Point运算器的连接

通过上述步骤，如果选中Cull Index-2，视图中几个支柱基座点周围的矩形处于选中状态，如图3-89所示。

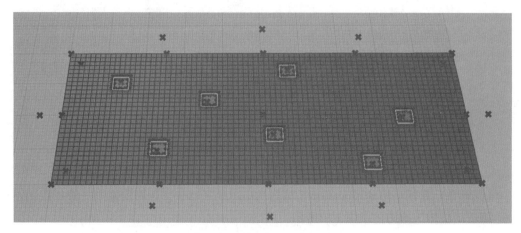

图3-89　基座点周围的矩形

> **提示**
>
> Cull Index-2运算器Indices端口的滑块参数设置应根据支柱基座点的数量而定，该参数应确保所有基座点都会被选中。

创建3个运算器：Smaller Than、Cull Pattern和Circle Fit，将3个运算器与Curve Closest Point运算器首尾相连，将Cull Pattern运算器的List端口与NakedVertices运算器NakedPts端口连接，如图3-90所示。

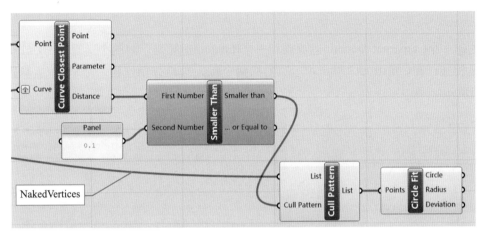

图3-90　Smaller Than、Cull Pattern和Circle Fit运算器的连接

通过上述步骤，如果选中Circle Fit运算器，支柱基座周围会生成适配最近点的圆圈，这些圆圈就是膜结构顶端的开孔，如图3-91所示。

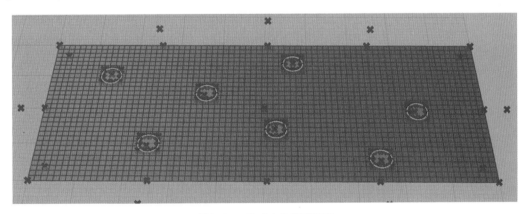

图3-91　生成支柱基座圆圈

3.3.5　开孔高度的设置

上一小节创建了膜结构顶端的圆形开孔，目前这些开孔都位于XY坐标平面上，本小节将设置这些开孔的高度。为了美观起见，开孔的高度将进行随机分布。

创建一个Move运算器和一个Unit Z运算器，将Move运算器的两个输入端口分别与Unit

Z运算器和Circle Fit运算器连接，如图3-92所示。

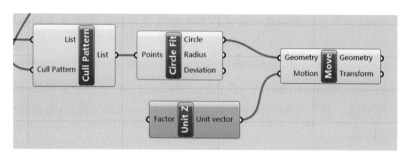

图3-92　Move和Unit Z运算器的连接

创建一个Construct Domain运算器和一个Random运算器，将两个运算器与Unit Z运算器首尾相连，在Construct Domain运算器的两个输入端口分别连接一个Slider运算器，如图3-93所示。

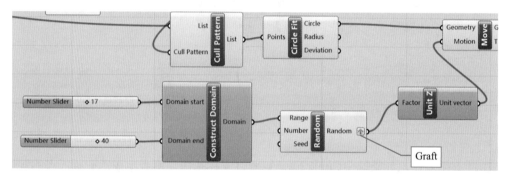

图3-93　Construct Domain和Random运算器的连接

创建一个List Length运算器，将其输入端口与Circle Fit运算器连接，将其输出端口与Random运算器连接。在Random运算器的Seed端口连接一个Slider运算器，如图3-94所示。

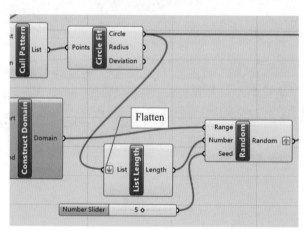

图3-94　List Length运算器的连接

视图中，几个圆形开孔都产生了垂直（Z轴）方向上的位置移动，其高度随机分布。高度分布的范围，可以用Construct Domain运算器输入端口的两个滑块进行控制。Random运算器Seed端口的滑块，用于设置在相同范围内产生不同的变化，如图3-95所示。

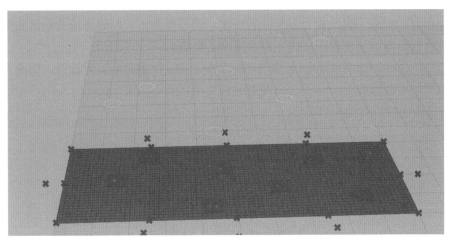

图3-95　圆形开孔的高度分布

创建一个Scale运算器，将其Geometry端口和Center端口同时与Move运算器的Geometry端口连接，在Factor端口连接一个Slider运算器，如图3-96所示。

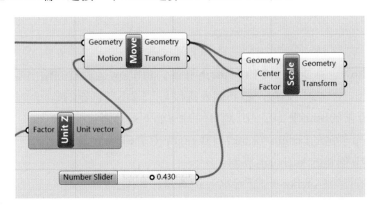

图3-96　Scale运算器的连接

视图中，圆形开孔内部生成了等比例缩小的同心圆，缩小的比例由Factor端口的滑块控制，如图3-97所示。

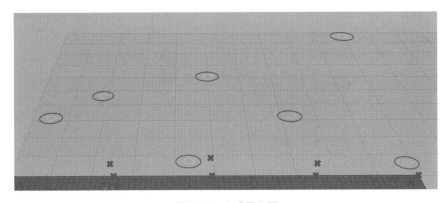

图3-97　生成同心圆

3.3.6　生成张拉曲面

上一小节，完成了膜结构上方开孔的创建。到目前为止，创建张拉曲面所需的元素都已准备完毕，本小节将利用这些元素生成膜结构曲面。

创建一个Curve Closest Point运算器和一个Anchor-1（重命名）运算器，将两个运算器与上一小节最后创建的Scale运算器首尾相连，二者的Point端口同时与3.3.4小节创建的Cull Pattern运算器连接，如图3-98所示。

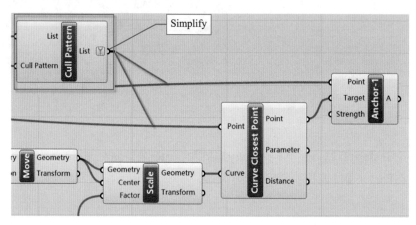

图3-98　Curve Closest Point运算器和Anchor运算器的连接

创建一个Show运算器和一个Entwine运算器。将Show运算器的输出端口与Entwine运算器的Branch（0；0）端口连接，将其输入端口与3.3.2小节创建的Combine&Clean连接。

Entwine运算器的Branch（0；1）端口同时与如下运算器连接。

➢ 3.3.4小节创建的Length（Line）和Length（Line）-1运算器。

➢ 3.3.3小节创建的Anchor运算器；

➢ 本小节创建的Anchor-1（重命名）运算器，如图3-99所示。

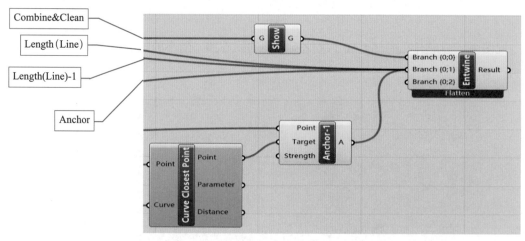

图3-99　Show和Entwine运算器的连接

通过上述步骤，将构成张拉曲面的所有数据都做展平处理，为下一步解算生成张拉曲面做好准备工作。

　　创建Solver运算器，将其GoalObjects端口与Entwine运算器连接，在其Reset端口连接一个Button运算器，在其On端口连接一个Boolean Toggle运算器，如图3-100所示。

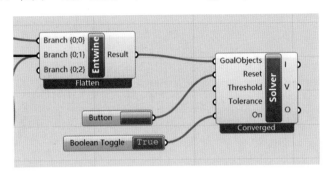

图3-100　Solver运算器的连接

　　单击Button运算器右侧的按钮，视图中解算生成张拉曲面。其顶端是几个圆形开孔，底部的锚定点是位于收窄椭圆上的最近点，如图3-101所示。

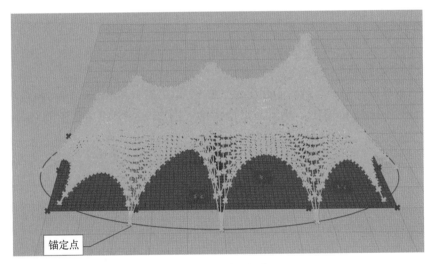

图3-101　生成张拉曲面

　　创建一个Explode Tree运算器和一个Custom Preview运算器，将两个运算器与Solver运算器首尾相连，如图3-102所示。

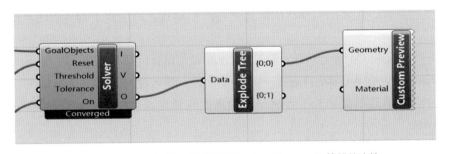

图3-102　Explode Tree运算器和Custom Preview运算器的连接

关闭Explode Tree和Solver等运算器的预览。视图中，生成的张拉网格面如图3-103所示。

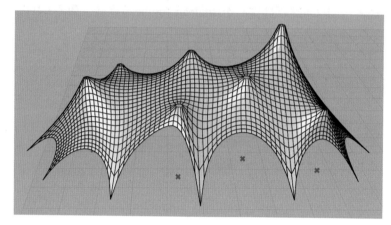

图3-103 转为为网格面的张拉曲面

3.3.7 创建立柱模型

到上一小节，已经完成了张拉曲面的创建。本小节将创建与张拉膜结构配合的立柱模型，完成全部模型的制作。

创建3个运算器：Area、Project和Line。将3个运算器首尾相连，将Area运算器与Line运算器的Start Point端口连接，将Area运算器输入端口与3.3.5小节创建的Move运算器连接，如图3-104所示。

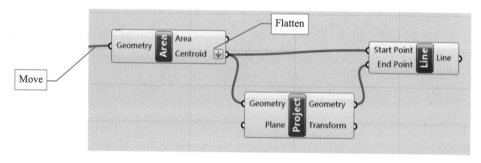

图3-104 Area、Project和Line运算器的连接

通过上述步骤，在膜结构顶部的圆孔中心点和地基之间生成了垂直连线，如图3-105所示。

创建一个Extend Curve运算器，将其Curve端口与Line运算器连接，在其Start端口连接一个Slider运算器，在其End端口连接一个Panel面板，输入数值0。

视图中，所有连线都向外延伸出一段距离，其延伸长度由Start端口的滑块控制，如图3-106所示。

创建一个Pipe运算器，将其Curve端口与Extend Curve运算器连接，在其Radius端口连接一个Slider运算器。

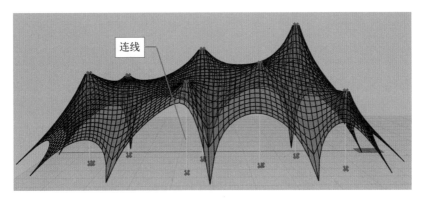

图3-105　生成垂直连线

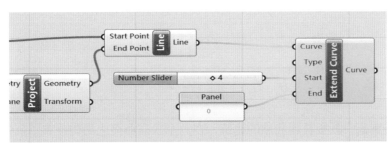

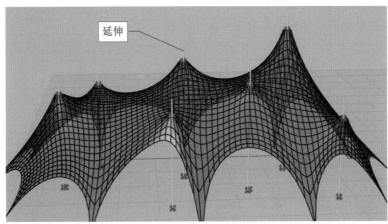

图3-106　延伸连线

　　视图中，所有连线都被包上了圆管，成为三维实体模型，这些圆管就是支撑膜结构的立柱模型。圆管的半径由Pipe运算器的Radius端口的滑块控制，如图3-107所示。

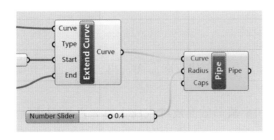

图3-107　生成圆管模型

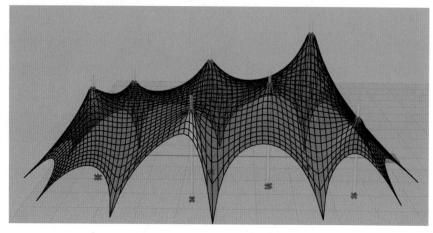

图3-107　生成圆管模型（续）

3.4　余弦波长廊

余弦波长廊是一款极具现代感的建筑，在一个双向曲面上均匀分布了余弦波形状的镂空结构。双向曲面的路径和截面形状可以任意设置，余弦波结构的密度和厚度等参数也任意可调。余弦波长廊的成品渲染图如图3-108所示。

图3-108　余弦波长廊成品渲染图

本案例模型源文件保存路径：资源包 > 第3章-建筑设计 > 3.4-余弦波长廊

3.4.1　创建路径曲线

余弦波长廊的构建顺序是先创建双向曲面，再创建平面上的余弦波结构，最后利用曲面变形运算器将二者结合。

双向曲面采用路径和半圆形截面放样生成，首先需要创建路径曲线。在Rhino透视图中，使用控制点曲线工具绘制一条曲线，作为双向曲面的生成路径，如图3-109所示。

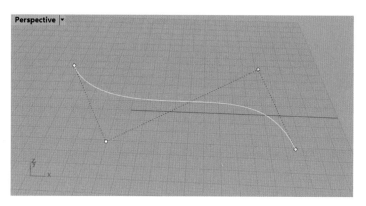

图3-109　绘制控制点曲线

在GH工作区，创建一个Curve运算器，采用Set One Curve命令拾取上一步绘制的路径曲线，将其转换为GH曲线。

再创建一个Divide Curve运算器，将其与Curve运算器连接，在其Count端口连接一个Slider运算器。视图中，路径曲线被分成了20等份，如图3-110所示。

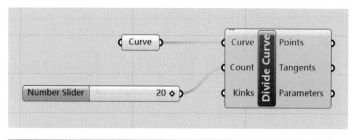

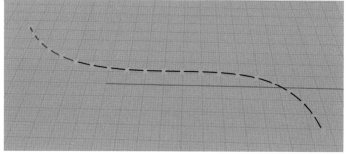

图3-110　等分路径曲线

创建3个运算器：Cross Product、Amplitude和Move。将3个运算器与Divide Curve运算器首尾相连，将Move运算器的Geometry端口与Divide Curve运算器的Points端口连接，在Cross Product运算器的Vector A端口连接一个Unit Z运算器，如图3-111所示。

在Divide Curve运算器下方创建3个运算器：两个Multiplication和一个Length。Length运算器分别与Curve运算器和两个Multiplication运算器的A端连接，两个Multiplication运算器的B端口分别连接一个Slider运算器，如图3-112所示。

创建4个运算器：Range、Graph Mapper、Bounds和Remap Numbers。将4个运算器和Count端口的滑块首尾相连。将Remap Numbers运算器的Value端口与Graph Mapper运算器

连接。将Graph Mapper的曲线类型设置为Gaussian，如图3-113所示。

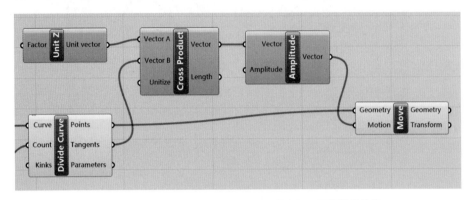

图3-111 Cross Product、Amplitude和Move运算器的连接

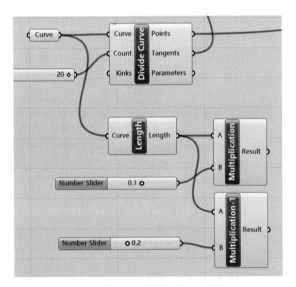

图3-112 Multiplication和Length运算器的连接

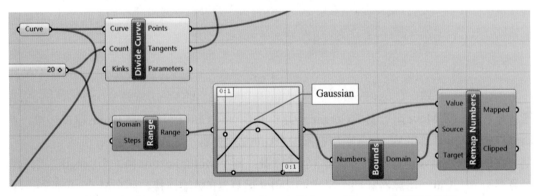

图3-113 Range、Graph Mapper、Bounds和Remap Numbers运算器的连接

创建一个Construct Domain运算器，将其输入端口与两个Multiplication运算器连接，将其输出端口与Remap Numbers运算器的Target端口连接，如图3-114所示。

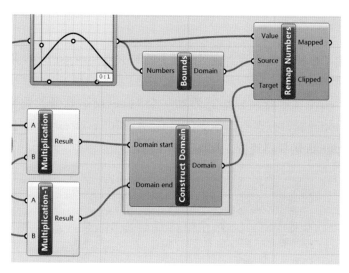

图3–114　Construct Domain运算器的连接

将Remap Numbers运算器的Mapped端口与Amplitude运算器的Amplitude端口连接，如图3-115所示。

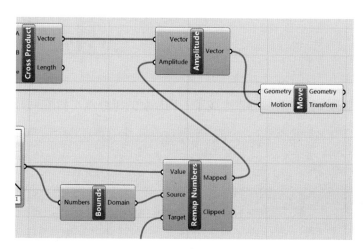

图3–115　连接Remap Numbers和Amplitude运算器

视图中，生成一列复制的等分点，其形态可以通过两个Multiplication运算器B端口的滑块进行控制，如图3-116所示。

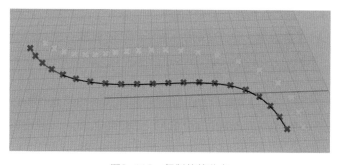

图3–116　复制的等分点

3.4.2 创建放样曲面

上一小节创建了路径曲线，并生成了路径上的等分点。本小节将利用等分点生成圆弧并放样生成双向曲面。

创建一个Move-1（重命名）运算器和一个Reverse运算器。将Move-1运算器的Geometry端口和Motion端口分别与Divide Curve运算器和Reverse运算器连接，将Reverse运算器输入端与Amplitude运算器连接，如图3-117所示。

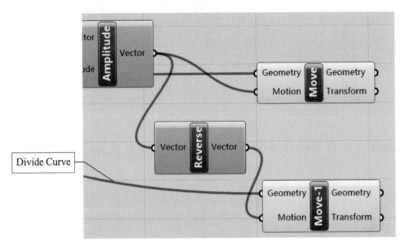

图3-117　Move-1和Reverse运算器的连接

视图中，在路径曲线的另一侧也生成了一列复制的等分点，如图3-118所示。

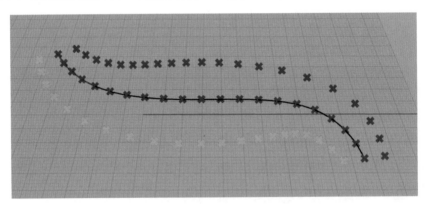

图3-118　另一侧的一列等分点

创建一个Move-2（重命名）运算器和一个Unit Z运算器，将两个运算器与Amplitude运算器首尾相连，将Move-2运算器的Geometry端口与Divide Curve运算器相连，如图3-119所示。

视图中，生成了一列垂直（Z轴）方向分布的复制等分点，如图3-120所示。

至此，已经在路径曲线周围创建了3个方向上的3列等分点，利用3列等分点可以生成一列圆弧。

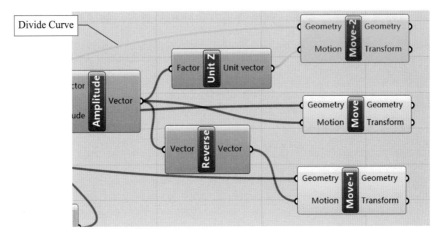

图3-119　Move-2和Unit Z运算器

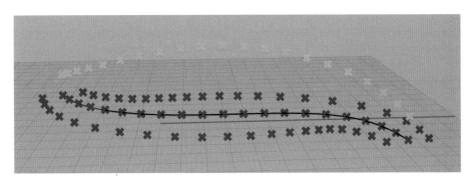

图3-120　垂直方向的复制等分点

创建一个Arc 3Pt运算器，将其3个端口都设置为Graft数据类型。将其Point A、Point B和Point C这3个端口分别与Move-1运算器、Move-2运算器和Move运算器连接，如图3-121所示。

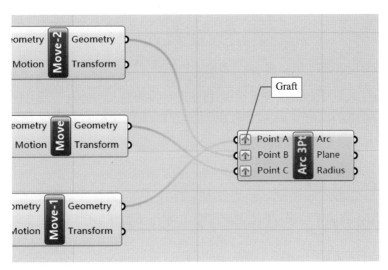

图3-121　Arc 3Pt运算器的连接

视图中，3列顶点之间生成了一列沿路径方向分布的圆弧，如图3-122所示。

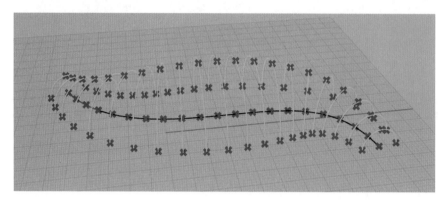

图3-122　生成一列圆弧

创建一个Loft运算器，将其与Arc 3Pt运算器的Arc端口连接，如图3-123所示。

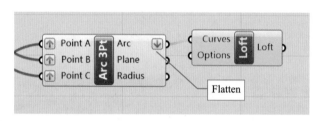

图3-123　Loft运算器的连接

将3个Move运算器和Divide Curve运算器的预览关闭。视图中，放样生成了双向曲面，如图3-124所示。

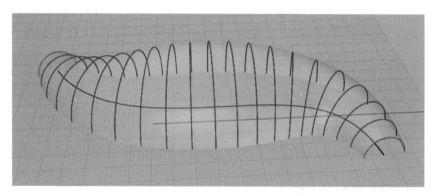

图3-124　放样生成双向曲面

3.4.3　创建余弦曲线

到上一小节，完成了放样双向曲面的创建。本小节将开始创建余弦镂空结构。首先创建余弦曲线。

在GH工作区空白处，创建一个Construct Domain运算器和两个Pi运算器。将两个Pi运算器分别与Domain start端口和Domain end端口连接。在Pi运算器输入端口连接一个Panel面板，将Pi-1运算器连接一个Slider运算器，如图3-125所示。

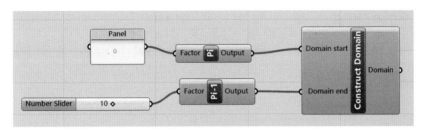

图3-125　Construct Domain和两个Pi运算器的连接

　　创建两个Range运算器，Range-1（重命名）运算器的输入端口与Construct Domain运算器连接。创建一个Slider运算器，同时与Range运算器和Range-1运算器的Steps端口连接。在Range运算器的Domain端口连接一个Slider运算器，如图3-126所示。

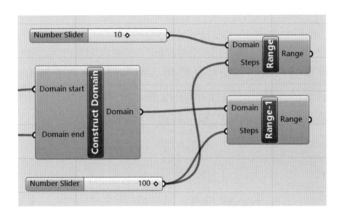

图3-126　两个Range运算器的连接

　　创建一个Expression（表达式）运算器，将其输入端口设置为x、y和r。双击该运算器，打开Expression Designer面板，在Expression文本框中输入如下表达式：

`{x,cos(y)*r,0}`

在其r端口连接一个Slider运算器，如图3-127所示。

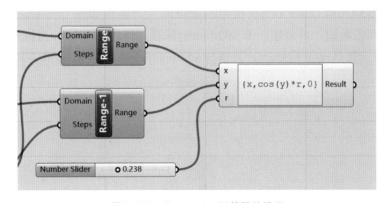

图3-127　Expression运算器的设置

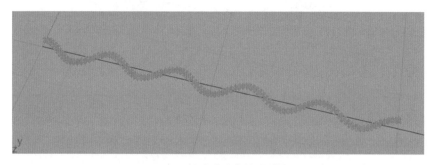

图3-127　Expression运算器的设置（续）

　　视图中，在原点附近生成了按余弦曲线排列的一列点，点的数量由连接两个Range运算器的滑块控制，波形的高度由r端口的滑块控制，余弦曲线的长度由Range运算器的滑块控制，余弦波峰的数量由Pi-1的滑块控制，如图3-128所示。

图3-128　生成余弦曲线排列的点

　　下一步，需要生成与图3-128中余弦曲线阵列点反向的一排点。

　　将Pi运算器输入端口的Panel面板中的数据改为"多重数据"类型，在列表中输入"0"和"1"两行数据。再创建一个Addition运算器，将其插入Panel面板和Pi-1运算器之间。原来与Pi-1运算器连接的Slider运算器与Addition的B端口连接，如图3-129所示。

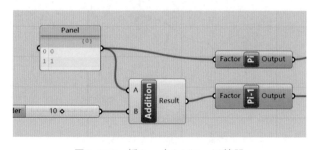

图3-129　插入一个Addition运算器

视图中，生成了两列余弦曲线分布的点，呈互相交织状态，如图3-130所示。

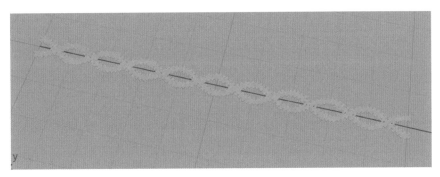

图3-130　互相交织的两列点

目前，两列余弦曲线阵列点的分布是交织状态，而我们需要的是一种"背靠背"的状态，因此还需要做进一步设置。

给Expression运算器增加一个gap输入端口，将表达式更改为"{x,cos(y)*r+gap,0}"。再创建一个Multiplication和一个Merge运算器，将两个运算器与Expression运算器首尾相连。Multiplication运算器的输入端与r端口的滑块连接，具体设置如图3-131所示。

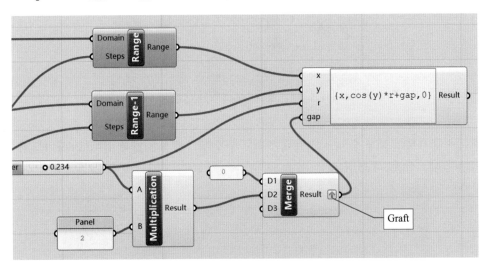

图3-131　Multiplication和Merge运算器的连接

创建一个Interpolate运算器，将其与Expression运算器连接，如图3-132所示。

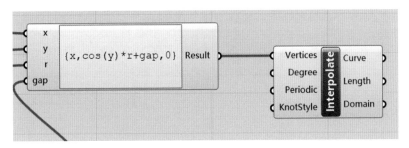

图3-132　Interpolate运算器的连接

关闭Expression运算器的预览。视图中，生成两条"背靠背"的余弦曲线，如图3-133所示。

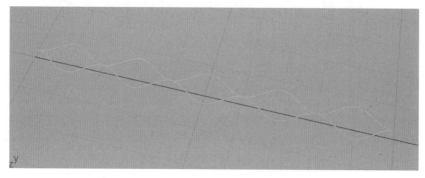

图3-133 两条"背靠背"余弦曲线

在Multiplication和Merge运算器之间插入一个Addition-1（重命名）运算器，在其B端口连接一个Slider运算器，如图3-134所示。

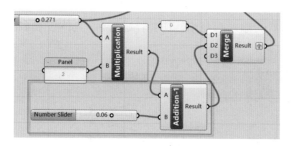

图3-134 插入一个Addition运算器

通过上述步骤，两条余弦曲线之间产生一个空隙，空隙的宽度由Addition-1运算器B端口的滑块控制，如图3-135所示。

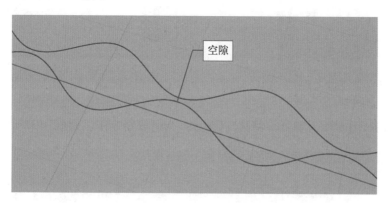

图3-135 余弦曲线之间的空隙

3.4.4 生成镂空模型

上一小节，创建了一对余弦曲线。本小节将对曲线做进一步编辑处理，并生成镂空模型。

创建3个运算器：Offset Curve、Merge和Loft。将3个运算器和Interpolate运算器首尾相连，将Merge运算器的D1端口和Interpolate运算器连接，将Offset Curve运算器的Distance端口与Addition-1运算器B端口的滑块连接，如图3-136所示。

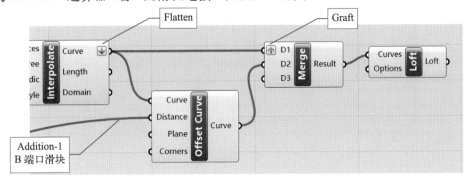

图3-136　Offset Curve、Merge和Loft运算器的连接

此时两条余弦曲线都生成了偏移曲线，并在两者之间生成了放样曲面，如图3-137所示。

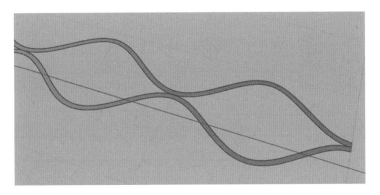

图3-137　偏移曲线并放样

创建3个运算器：Group、Linear Array和Unit Y。将Linear Array运算器的输入端分别与Group和Unit Y连接，如图3-138所示。

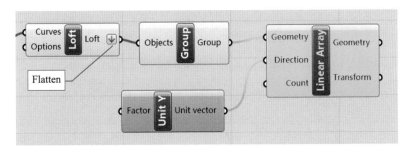

图3-138　Group、Linear Array和Unit Y运算器的连接

通过上述步骤，余弦曲面沿着Y轴做了线性阵列，间距和数量都是默认值，如图3-139所示。

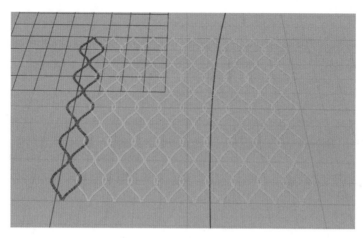

图3-139　余弦曲面直线阵列

目前，阵列的余弦曲面还存在互相交叠的情况，要确保曲面之间严格对齐，还需要设置阵列的距离。

创建一个Multiplication运算器，将其与Unit Y运算器连接，将其A输入端口与Addition-1运算器连接，在其B端口连接一个Panel面板，如图3-140所示。

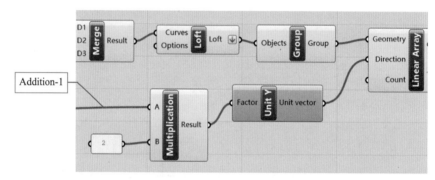

图3-140　Multiplication运算器的连接

经过上述步骤，相邻的余弦曲面已经首尾相连、精准对齐了，如图3-141所示。

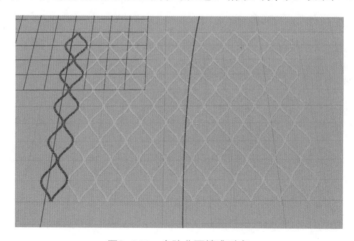

图3-141　余弦曲面精准对齐

创建3个运算器：Ungroup、Extrude和Unit Z。将Ungroup运算器和Extrude运算器与Linear Array运算器首尾相连，将Unit Z运算器与Extrude运算器的Direction端口连接，如图3-142所示。

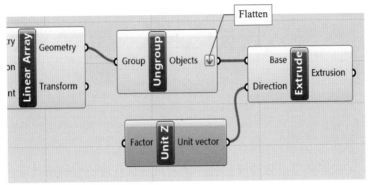

图3-142　Ungroup、Extrude和Unit Z运算器的连接

经过上述步骤，所有余弦曲面都沿Z轴挤压，形成了厚度，如图3-143所示。

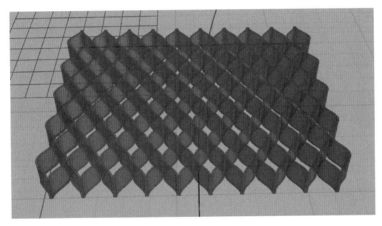

图3-143　挤压形成厚度

在Linear Array运算器的Count端口连接一个Slider运算器，将其数量设置为40，即镂空余弦波模型的阵列数量设置为40个，如图3-144所示。

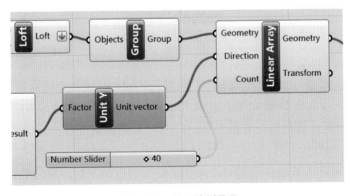

图3-144　设置阵列数量

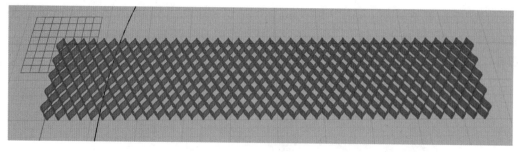

图3-144 设置阵列数量（续）

3.4.5 变形镂空模型

上一小节，完成了镂空余弦波模型的创建。目前余弦波模型的形状还是一个长方体，需要使用曲面变形运算器将其形状转换为双向曲面的形态。

将3.4.2小节创建的Loft运算器移动到上一小节创建的Extrude运算器附近。再创建一个Bounding Box运算器和一个Surface Morph运算器。将3个运算器分别与Surface、Geometry和Reference端口连接，如图3-145所示。

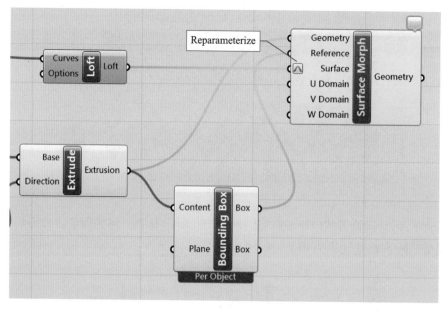

图3-145 四个运算器之间的连接

创建一个Panel面板，将数值设为1，同时与Surface Morph运算器的U Domain和V Domain端口连接，在其W Domain端口连接一个Slider运算器，如图3-146所示。

经过解算（根据计算机的配置而不同，耗时一般需要数分钟），得到的曲面变形结果如图3-147所示。

图3-147中的解算结果是有问题的，余弦波模型的方向不对，应该旋转90°。

创建一个Rotate Plane运算器和一个XY Plane运算器，将两个运算器和Bounding Box

运算器首尾相连。在Rotate Plane运算器的Angle端口连接一个Panel面板，在面板中输入
"0.5*pi"，如图3-148所示。

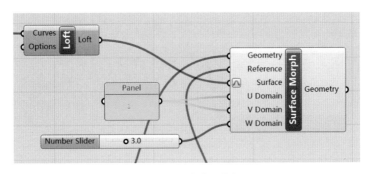

图3-146　三个端口的设置

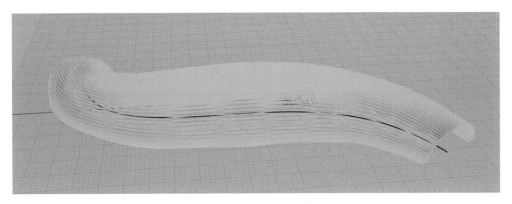

图3-147　曲面变形的解算结果

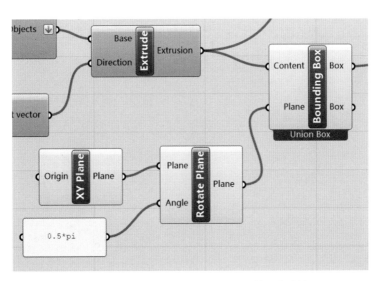

图3-148　Rotate Plane和XY Plane运算器的连接

经过再次解算，余弦波模型的方向正确了，如图3-149所示。

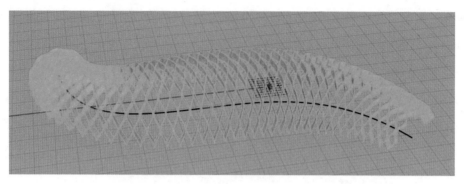

图3-149　模型正确的走向

　　模型初步完成后，可以调试各个滑块，改变相关的参数。也可以改变或者重新编辑双向曲面路径，做出需要的模型形态。

第4章
时尚家具设计

本章将详细讲解四款时尚家具的制作流程，这些案例用其他建模方法很难或者根本无法实现。四款家具的制作流程充分体现了Grasshopper的强大优势，极具创意的造型不仅令人眼界大开，也把参数化建模的精髓淋漓尽致地展现了出来。

4.1 切片长凳

本节讲解一个切片长凳的建模过程，这款长凳由截面连续变化的数十个切片构成，其路径可以任意变化，可直可弯，既美观又具有很大的灵活性。切片长凳的成品渲染图如图4-1所示。

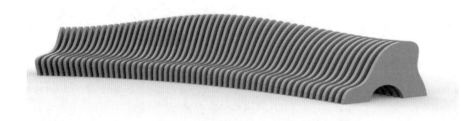

图4-1 切片长凳成品渲染图

本案例模型源文件保存路径：资源包 > 第4章-时尚家具设计 > 4.1-切片长凳

4.1.1 创建截面线框

在Rhino中打开"格点锁定"，在顶视图中，用控制点曲线工具绘制两个同心的半圆形，直径分别为50和20左右，如图4-2所示。

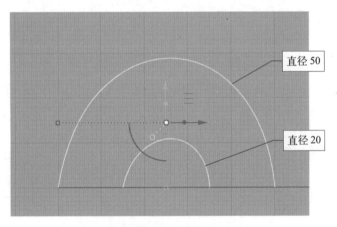

直径 50

直径 20

图4-2 绘制两个半圆形

捕捉端点，采用直线工具绘制两根直线，将两根半圆形弧线两端封闭，形成一个半圆环形，如图4-3所示。

在小圆弧的两个端点之间绘制一根直线。打开中点捕捉，在该直线的中点位置绘制一个点，如图4-4所示。最后将该直线删除。

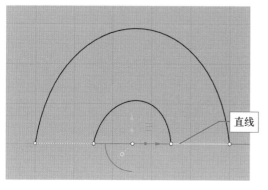

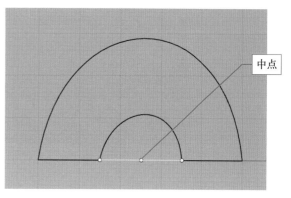

图4-3　绘制半圆环　　　　　　　　　　　　图4-4　绘制中点

选中大圆弧曲线，对其进行重建，顶点数量设置为10，如图4-5所示。

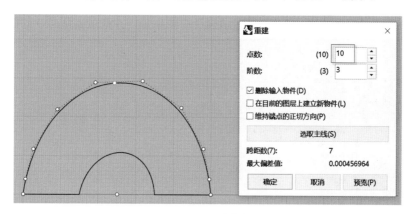

图4-5　重建曲线

选中所有曲线，执行"组合"命令，将它们组合成一个整体。将这个半环形复制出两个，如图4-6所示。

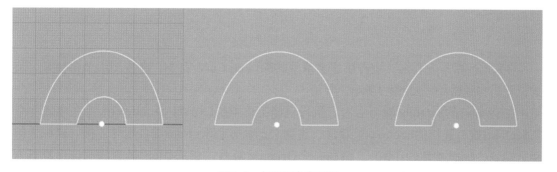

图4-6　复制两个半环形

在3个半环形线框上方绘制一个圆弧，如图4-7所示。

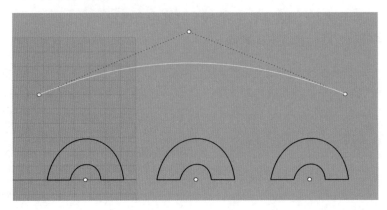

图4-7 绘制一个圆弧

4.1.2 设置截面

在Grasshopper工作区创建一个Sweep1（1轨扫掠）运算器，在Rail端口上右击，执行快捷菜单中的Extract parameter命令，在Rail端口右侧生成一个Rail运算器，如图4-8所示。

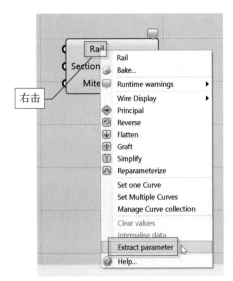

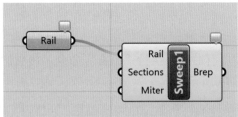

图4-8 Sweep1运算器的设置

在Rail运算器上右击，执行快捷菜单中的Set one Curve命令，在视图中单击圆弧，将其设置为扫掠路径，如图4-9所示。

在Sweep1的Sections端口右击，执行快捷菜单中的Extract parameter命令，生成一个与Sections端口连接的Sections运算器。将这个运算器和Sections端口断开连接（鼠标连接两个端口，同时按住Ctrl键）。创建一个Orient运算器，将Sections运算器与该运算器的Geometry端口连接，如图4-10所示。

创建一个Point运算器，在其上右击，执行快捷菜单中的Set Multiple Points命令。在视图中从左至右依次单击3个半环形截面圆心位置的点，3个点上将出现×形标记点，如图4-11所示。

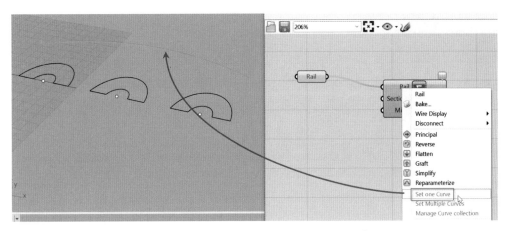

图4-9　拾取扫掠路径曲线

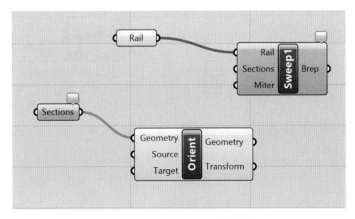

图4-10　Sections运算器的连接

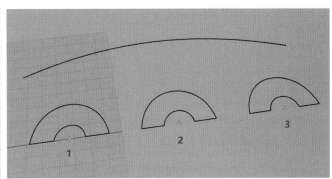

图4-11　生成标记点

　　在Sections运算器上右击，执行快捷菜单中的Set Multiple Curves命令，在视图中依次单击3个半圆环线框，如图4-12所示。

　　创建一个XY Plane运算器，将其与Point运算器和Orient运算器的Source端口相连接。视图中半圆环上出现一个网格面，原点上也出现一个半圆环，如图4-13所示。

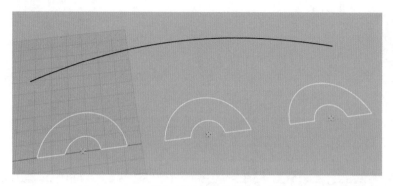

图4-12　拾取线框

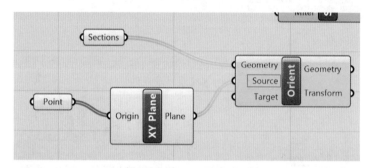

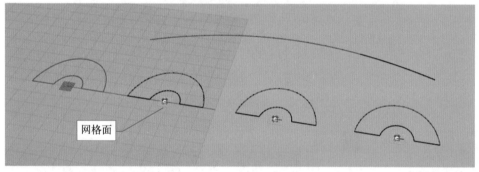

网格面

图4-13　XY Plane运算器的连接及作用

4.1.3　生成扫出面

在Rhino主界面"工作平面"面板，单击 （设置工作平面与曲线垂直）按钮，在视图中用鼠标在弧形曲线上拾取，会出现直角形状的标记，如图4-14所示。

经过上述操作，Rhino的工作平面将与弧形曲线垂直，如图4-15所示。

创建一个Perp Frame运算器，将Rail运算器与其Curve端口连接。在Rail运算器上单击右键，执行Reparameterize命令。经过这个设置，可以将Rail运算器输出的数值控制在0~1的范围内，如图4-16所示。

创建一个Slider运算器，取值范围0.1~1；再复制出两个Slider运算器。将3个Slider运算器同时与Perp Frame运算器的Parameter端口相连，如图4-17所示。

视图中，弧形曲线上出现3个小工作平面，它们在曲线上的位置分别受到上述3个滑块的控制，如图4-18所示。

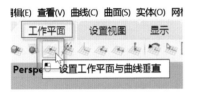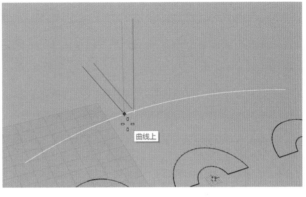

图4-14　设置工作平面

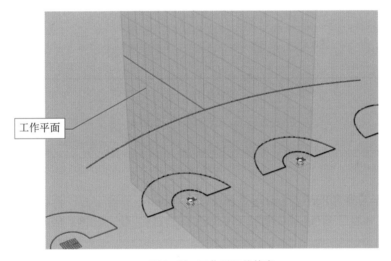

图4-15　工作平面的状态

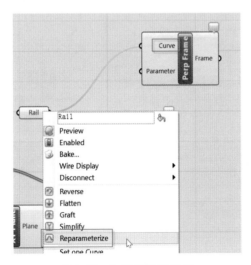

图4-16　Rail运算器的设置

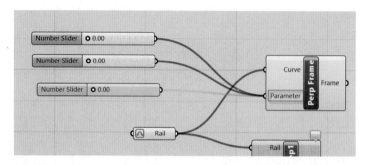

图4-17　3个Slider运算器的连接

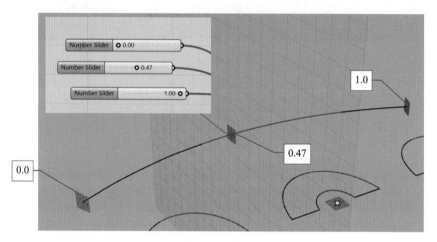

图4-18　3个工作平面

将3个Slider运算器和Perp Frame运算器移动到Orient运算器下方，再将Perp Frame运算器与Orient运算器连接，将Orient运算器与Sweep 1运算器连接，如图4-19所示。

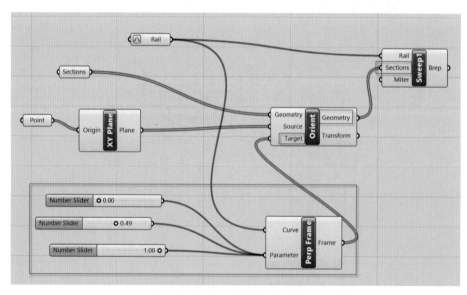

图4-19　连接3个运算器

视图中生成3个截面的扫掠曲面，如图4-20所示。

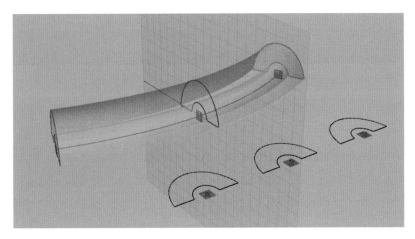

图4-20　生成扫掠曲面

4.1.4　编辑曲面形状

上一小节完成了3个截面的单轨扫掠，形成了一个曲面。接下来可以通过编辑3个半环形曲线的形状，改变扫掠曲面的形状。

在GH工作区，将Sweep1之外的所有运算器关闭预览。

显示半圆环线框的控制点，编辑曲线的形状，如图4-21所示。

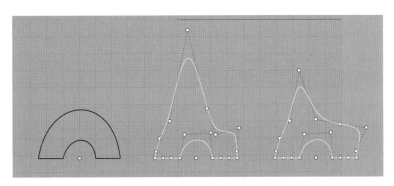

图4-21　编辑截面形状

视图中，扫掠曲面的形状也随之发生变化，如图4-22所示。

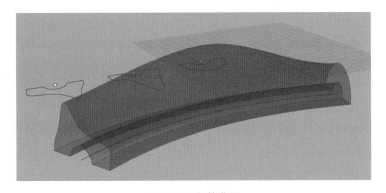

图4-22　扫掠曲面

4.1.5 生成截面曲线

创建一个Perp Frames运算器，将其Curve端口与Rail运算器相连。再创建一个Slider运算器，将其与Perp Frames运算器Count端口相连，如图4-23所示。

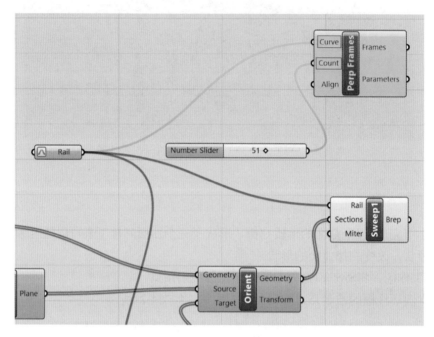

图4-23　Perp Frames运算器的连接

视图中，沿弧形曲线生成了很多工作平面，数量由Perp Frames运算器Count端口的Slider滑块控制，如图4-24所示。

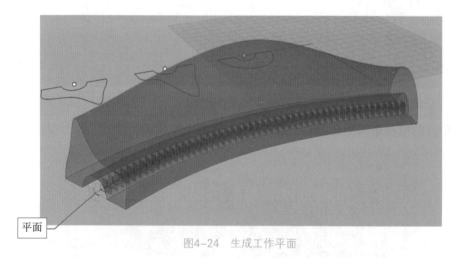

图4-24　生成工作平面

创建一个Brep | Plane运算器，将其与Perp Frames运算器和Sweep1运算器相连接，连接方式如图4-25所示。

视图中，扫掠曲面上出现剖面曲线，如图4-26所示。

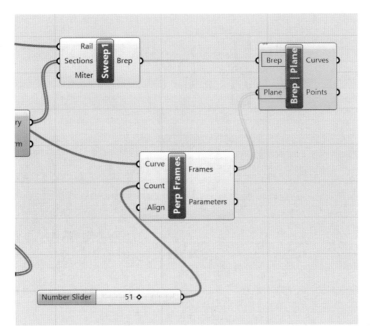

图4-25　Brep｜Plane运算器的连接

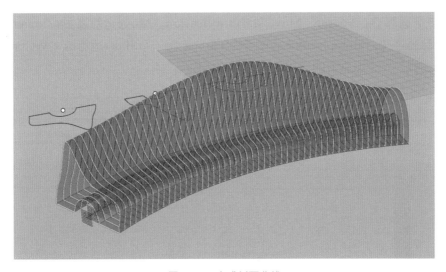

图4-26　生成剖面曲线

4.1.6　生成切片模型

上一小节生成了扫掠曲面上的剖面曲线，本小节利用剖面曲线生成带有厚度的切片模型。

首先关闭Sweep1的预览，视图中只留下剖面曲线。创建一个Surface运算器，与Brep｜Plane运算器相连接。这样视图中每个剖面曲线的线框都被填充成了一个平面，如图4-27所示。

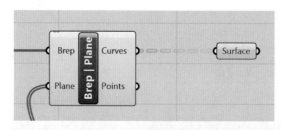

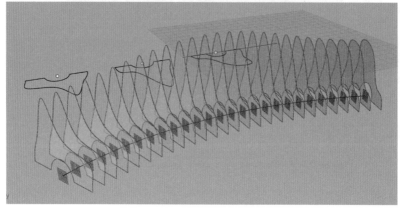

图4-27 填充生成平面

创建3个运算器：Vector、Move和Multiplication。Move运算器的Geometry端口与Surface运算器连接，Multiplication运算器的B端口连接一个Slider运算器，Vector运算器设置为Graft模式。几个运算器的连接方式如图4-28所示。

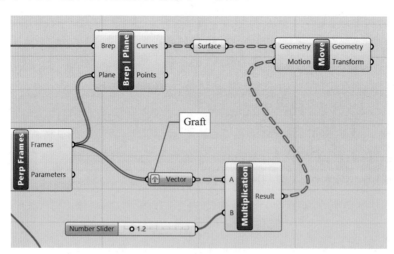

图4-28 4个运算器的连接和设置

视图中，每个剖面旁边生成一个与之平行且形状一致的面，二者之间的距离由图4-28中的Slider运算器的滑块控制。在当前视角，新生成的平行面位于原剖面的左侧，如图4-29所示。

在Move运算器的Motion端口上单击右键，在弹出的菜单中执行Expression（表达式）命令，在其Expression Editor文本框中输入"- x / 2"，如图4-30所示。

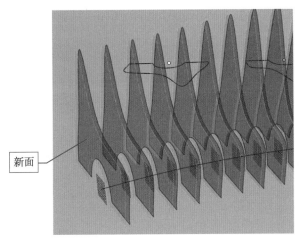

图4-29　生成平行面

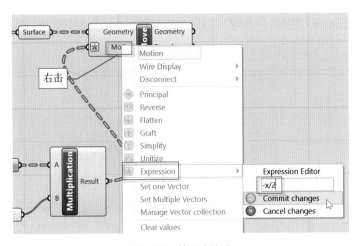

图4-30　输入表达式

经过上述设置，新生成的平行面被移动到原剖面的右侧，如图4-31所示。

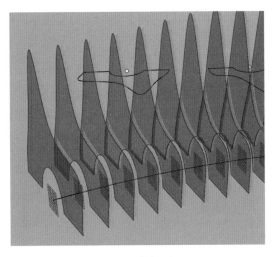

图4-31　移动平行面

创建一个Extrude运算器，将其与Move和Multiplication运算器相连接，如图4-32所示。

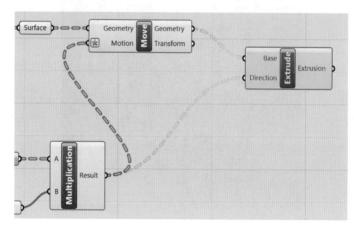

图4-32　Extrude运算器的连接

视图中的剖面生成了厚度，其厚度由图4-28中的Slider滑块控制，如图4-33所示。

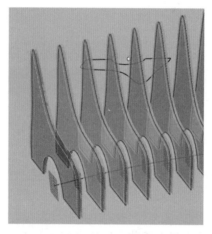

图4-33　剖面产生厚度

模型的创建部分已经完成，用户可以用两个Slider运算器任意调整切片的数量和厚度。

4.1.7　设置材质

创建一个Custom Preview运算器，将其与Extrude运算器连接。将该运算器之外的所有运算器关闭预览，视图中的切片长凳显示为三维实体，如图4-34所示。

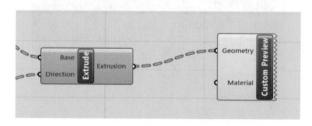

图4-34　长凳三维模型

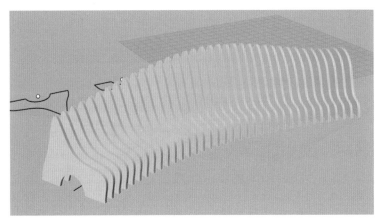

图4-34　长凳三维模型（续）

创建一个Colour Swatch运算器，将其与Custom Preview运算器的Material端口相连。单击该运算器右侧的颜色按钮，在弹出的颜色选择面板上设置模型的颜色，如图4-35所示。

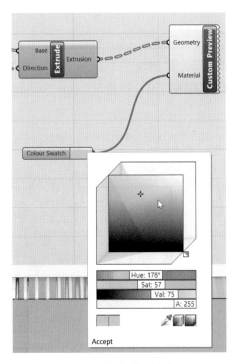

图4-35　设置模型颜色

本案例到此全部完成。

4.2　根雕茶几

本节讲解一款创意茶几的建模流程。因其底座部分形似根雕，故名"根雕茶几"，桌面为不规则多边形镂空结构。根雕茶几的成品渲染图如图4-36所示。

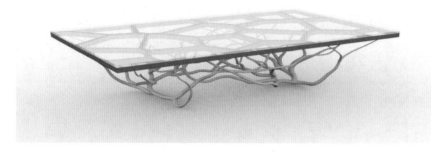

图4-36 根雕茶几成品渲染图

本案例模型源文件保存路径：资源包 > 第4章-时尚家具设计 > 4.2-根雕茶几

4.2.1 创建桌面

在Rhino中，采用矩形平面工具创建一个矩形平面。打开GH，在工作区创建一个Surface运算器。在该运算器上单击右键，执行Set One Surface命令，拾取矩形平面，如图4-37所示。

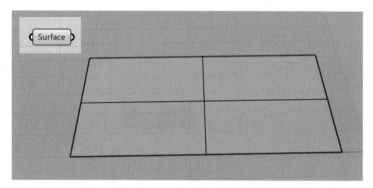

图4-37 创建Surface运算器

创建一个Populate 2D运算器，将其Region端口与Surface运算器相连接。视图中，矩形平面上将出现随机分布的标记点，如图4-38所示。

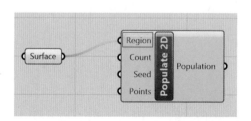

图4-38 Populate 2D运算器的连接及作用

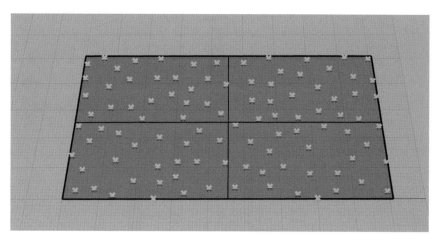

图4-38　Populate 2D运算器的连接及作用（续）

创建一个Voronoi运算器，与Populate 2D运算器的Population端口连接。再创建一个Slider运算器，与Populate 2D运算器的Count端口相连。矩形平面上出现不规则多边形，多边形数量由Slider运算器控制。每个多边形的中心对应有一个标记点，如图4-39所示。

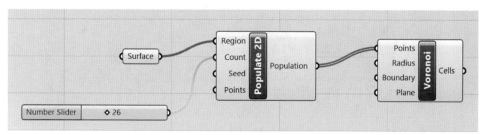

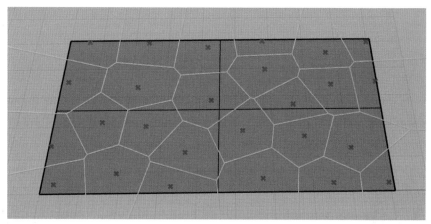

图4-39　Voronoi运算器的连接及作用

创建一个Brep Wireframe运算器和一个Join Curves运算器，将其分别与Surface运算器和Voronoi运算器相连接。Surface运算器与Voronoi运算器的Plane端口相连。视图中，矩形平面之外的多边形被裁切，如图4-40所示。

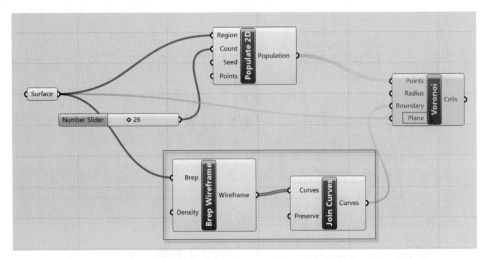

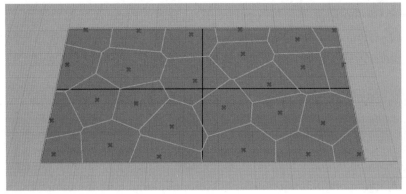

图4-40　裁切多边形

4.2.2　创建镂空结构

本小节制作桌面的多边形镂空结构。

创建一个Scale运算器，将其与Voronoi和Populate 2D运算器相连接，在其Factor端口连接一个Slider运算器。此时视图中，每个多边形内部生成一个等比例缩小的多边形，缩小比例由Slider运算器控制，如图4-41所示。

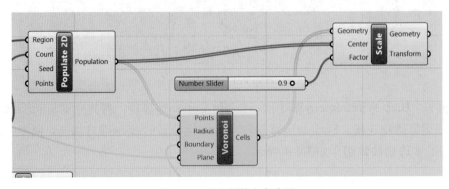

图4-41　等比例缩小多边形

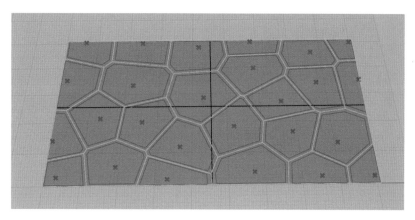

图4-41　等比例缩小多边形（续）

创建一个Surface Split运算器和一个List Item运算器，Surface Split的Surface端口与4.2.1小节创建的Surface运算器连接，如图4-42所示。

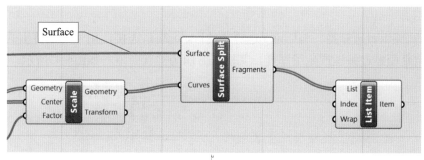

图4-42　两个运算器的连接

在工作区，将List Item运算器之外的所有运算器都关闭预览，视图中的矩形平面上出现多边形镂空效果，如图4-43所示。

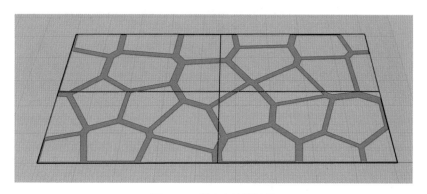

图4-43　镂空多边形效果

创建一个Extrude运算器和一个Unit Z运算器。Extrude运算器与List Item运算器相连接，Unit Z运算器与Extrude运算器相连接。

在Unit Z运算器Factor端口上单击右键，设置Expression表达式为"-X"，其含义是向Z轴的负方向（垂直向下）挤出，如图4-44所示。

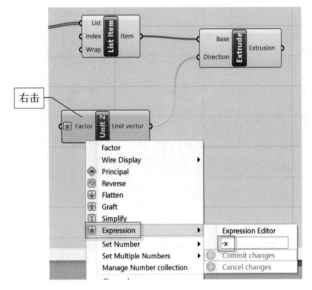

图4-44 输入表达式

创建一个Slider运算器，与Unit Z运算器的Factor端口连接，用于控制挤出的高度。视图中，镂空桌面经过挤压产生了厚度，其挤压方向为垂直向下，如图4-45所示。

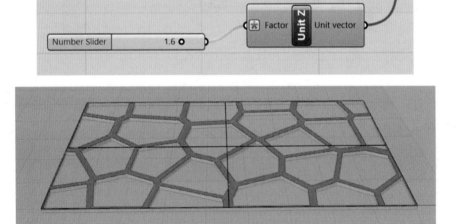

图4-45 挤压形成厚度

4.2.3 生成树根连线

本小节创建树根状模型所需要的线条。

将Voronoi运算器的预览打开，创建一个Populate Geometry运算器，将其Geometry端口与Voronoi运算器相连接。再创建两个Slider运算器，分别与Populate Geometry运算器的Count端口和Seed端口相连接。

视图中，多边形线框上出现标记点，标记点的数量和分布由两个Slider滑块控制，如图4-46所示。

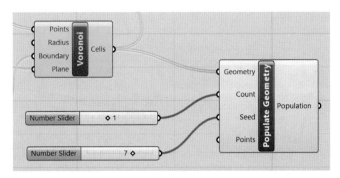

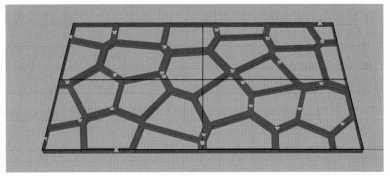

图4-46　线框上的标记点

在透视图中，采用移动工具锁定Z轴，将4.2.1中创建的矩形平面向上移动一段距离，GH生成的模型也随之升高，如图4-47所示。

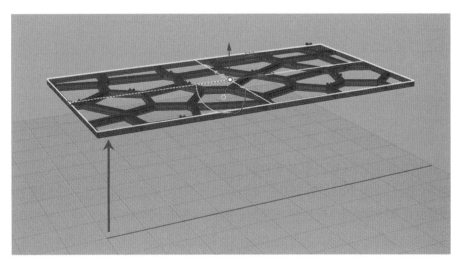

图4-47　升高模型

创建一个Point运算器，在其右键快捷菜单中执行Set Multiple Points命令，在Rhino透视图中桌面模型的下方指定两个点，如图4-48所示。

创建一个Line运算器，将其与上一步创建的Point运算器和Populate Geometry运算器连接起来。视图中，Point运算器的两个点和Populate Geometry运算器生成的点之间生成了放射状连线，如图4-49所示。

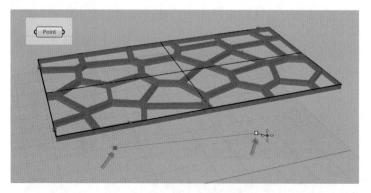

图4-48　绘制两点

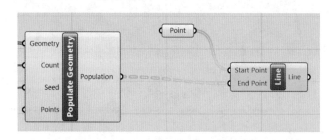

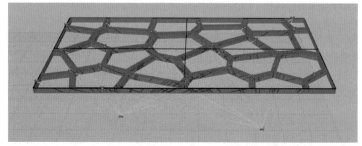

图4-49　生成连线

4.2.4　生成树根曲线

本小节将使用Shortest Walk插件生成树根曲线。

创建一个Bounding Box运算器和一个Populate 3D运算器，再创建一个Slider运算器与Populate 3D运算器Count端口相连接。视图中的情形如图4-50所示。

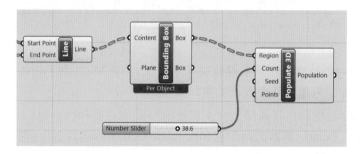

图4-50　Populate 3D运算器的连接及作用

图4-50 Populate 3D运算器的连接及作用（续）

创建一个Point运算器和一个Proximity 3D运算器，将Proximity 3D运算器的Points端口和Links端口设置为Flatten模式。两个运算器的连接方式如图4-51所示。

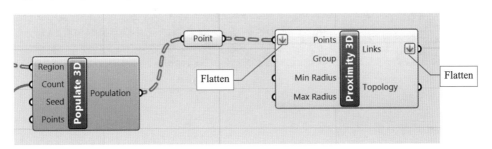

图4-51 Proximity 3D运算器的设置

将Line运算器、Bounding Box运算器和Populate 3D运算器的预览关闭，视图中出现错综复杂的连线，如图4-52所示。

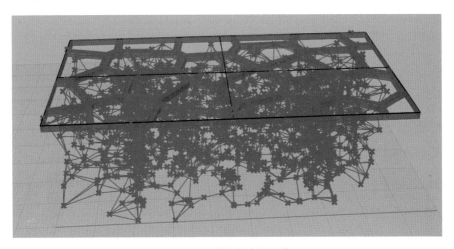

图4-52 错综复杂的连线

创建Shortest Walk运算器（GH插件，安装方法见第1章），将其Curves端口与Proximity 3D运算器相连，将其Wanted path端口与Bounding Box上游的Line运算器相连。视图中出现最短路径连接线，形似根雕，如图4-53所示。

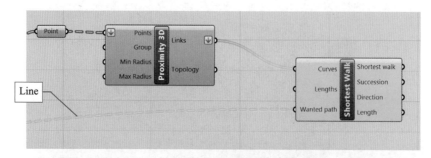

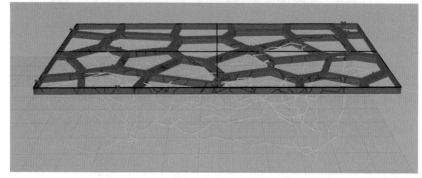

图4-53　形似根雕的连线

4.2.5　生成树根厚度

本小节给树根曲线增加厚度，使其成为三维实体。

创建4个运算器：Discontinuity、List Length、Knot Vector和Nurbs Curve PWK。Discontinuity运算器与Shortest Walk运算器连接，将其Curves端口设置为Reparameterize模式。4个运算器的连接方式如图4-54所示。

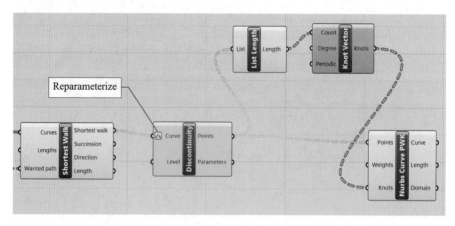

图4-54　创建4个运算器

将Shortest Walk和Discontinuity运算器关闭预览，视图中的树根线条被设置成了曲线形态，如图4-55所示。

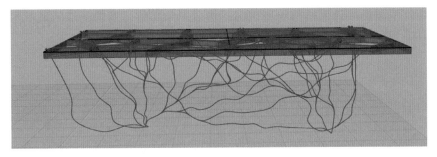

图4-55　曲线形态的树根

创建一个Construct Domain运算器和一个Ramp Numbers运算器。将Ramp Numbers运算器与Discontinuity运算器的Parameters端口相连接，该端口设置为Simplify模式。

创建两个Slider运算器，取值范围分别为1和0.1，分别与Domain start和Domain end端口相连接，如图4-56所示。

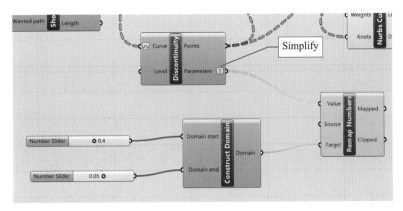

图4-56　Ramp Numbers运算器的连接

创建一个Pipe Variable运算器，将其Curve端口设置为Reparameterize+Graft模式。连接方式如图4-57所示。

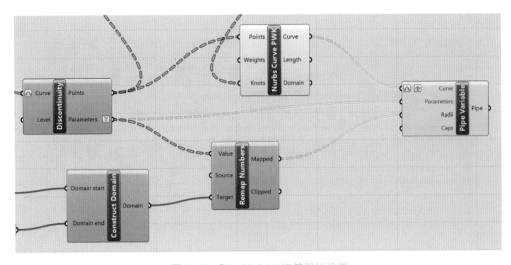

图4-57　Pipe Variable运算器的设置

视图中，根雕曲线外面被圆管所包围，形成三维实体。圆管两端的截面半径是可调的，由图4-56中的两个Slider滑块控制，如图4-58所示。

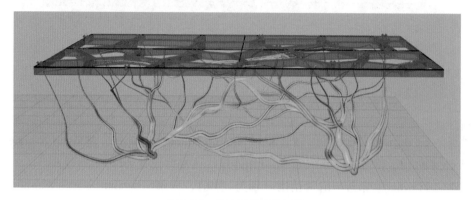

图4-58　生成三维实体树根

4.2.6　生成玻璃板厚度

在4.2.1小节创建的Surface运算器旁边创建一个Extrude运算器，将其与Surface相连接。再创建一个Unit Z运算器和一个Slider运算器，连接方式如图4-59所示。

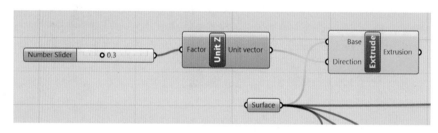

图4-59　Extrude运算器的连接

视图中，矩形平面被挤压出厚度，成为茶几上的玻璃板。挤压的高度由图4-59中的Slider控制，如图4-60所示。

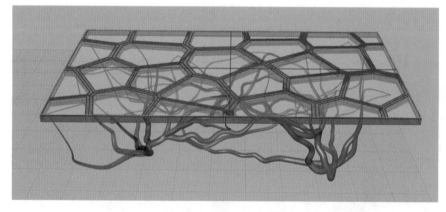

图4-60　挤压形成玻璃板

根雕茶几至此全部完成。

4.3 华夫结构书架

华夫结构（Waffle Structure）书架是一种充满现代感的创意家具，书架的一个面呈现出波浪曲面。华夫结构书架成品渲染图如图4-61所示。

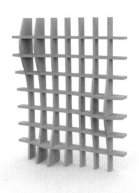

图4-61 华夫结构书架

本案例模型源文件保存路径：资源包 > 第4章-时尚家具设计 > 4.3-华夫书架

4.3.1 制作波浪盒子

华夫书架建模流程大致分为Rhino建模、转换模型、截面曲线生成、板材厚度生成等步骤。首先需要在Rhino中制作一个带有波浪曲面的长方体。

在Rhino中，采用矩形平面工具，绘制一个宽度为180、高度为130的矩形平面，如图4-62所示。

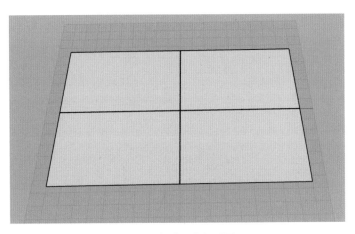

图4-62 创建一个矩形平面

将这个矩形平面复制一个，沿Z轴正方向移动20个单位。执行Rebuild命令，打开"重建曲面"对话框，将U、V两个方向的"点数"都设置为30，如图4-63所示。

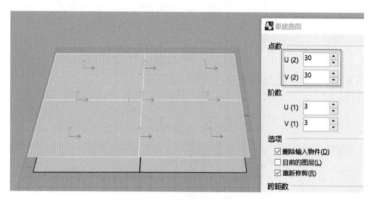

图4-63　复制并重建平面

执行SoftEditSrf命令，在重建的矩形平面上选择一个点向上提拉，形成一个鼓包，如图4-64所示。

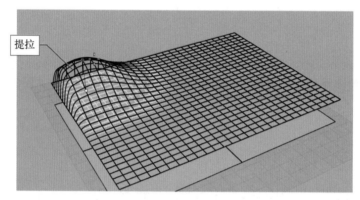

图4-64　拉出一个鼓包

按照上述操作，在矩形平面上不同位置再拉出几个鼓包，将矩形平面编辑成一个波浪形曲面，如图4-65所示。

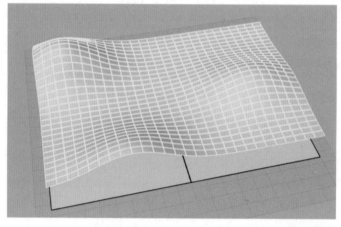

图4-65　编辑成波浪形曲面

执行Loft（放样）命令，选择波浪曲面和底部矩形平面对应的边，放样生成一个面，将二者封闭，如图4-66所示。

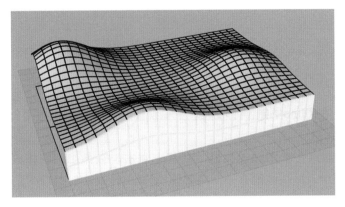

图4-66　生成放样平面

按照上述操作，将另外3组对应边也做放样操作，形成一个封闭长方体，如图4-67所示。

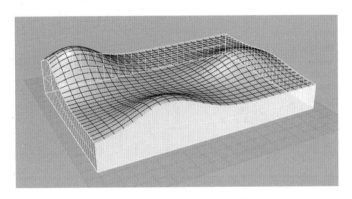

图4-67　放样形成封闭长方体

使用组合命令，将构成长方体的6个面组合成一个整体——波浪盒子。

使用旋转工具，将长方体绕X轴旋转90°，成为竖立放置，如图4-68所示。

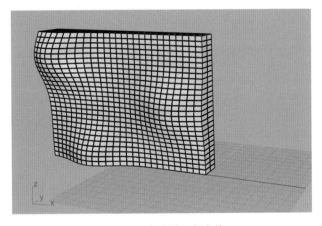

图4-68　竖立放置长方体

4.3.2　转换为GH对象

　　上一个小节，在Rhino中制作了波浪盒子三维模型。本小节将把这个模型转换为GH对象，以便后续步骤的展开。

　　在GH工作区创建一个Brep运算器，在其上右击，在弹出的快捷菜单中执行Set one Brep命令。在视图中，单击波浪盒子，将其转换为GH对象，如图4-69所示。

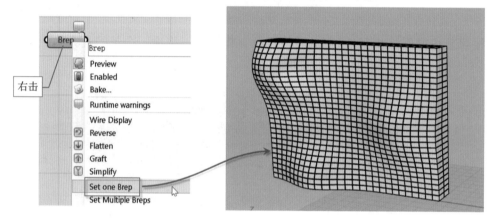

图4-69　拾取长方体

　　将波浪盒子三维模型隐藏，只留下GH对象。

　　创建3个运算器：Box、Deconstruct Brep和List Item。将3个运算器与Brep运算器首尾相连，如图4-70所示。

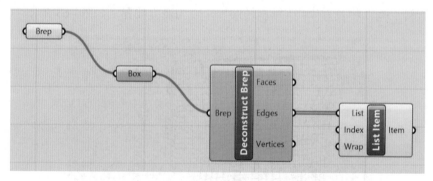

图4-70　Box、Deconstruct Brep和List Item运算器的连接

　　关闭Box和Deconstruct Brep运算器的预览。视图中，GH波浪长方体如图4-71所示。

图4-71　转换为GH模型

4.3.3　生成纵向剖面线

本小节将制作波浪盒子上纵向分布的剖面曲线。

创建3个运算器：List Item-1（重命名）、Contour和Unit X。将Contour运算器与Brep运算器和Unit X运算器连接，将List Item-1运算器与Deconstruct Brep运算器和Contour运算器收尾相连，如图4-72所示。

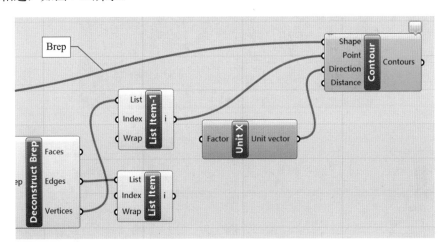

图4-72　Contour运算器的连接

创建一个Division运算器和一个Number运算器。将Division运算器的A端口与Number运算器连接，在其B端口连接一个Slider运算器，将Division运算器的Result端口与Contour运算器相连接，如图4-73所示。这一步的运算器作用是生成等分的纵向剖面线，数量由Slider滑块控制。

视图中，波浪盒子上出现了纵向的剖面线，如图4-74所示。

在Contour运算器的Distance端口上设置表达式"x-0.1"，在长方体的右侧端面与剖面曲线之间形成一个间距，如图4-75所示。

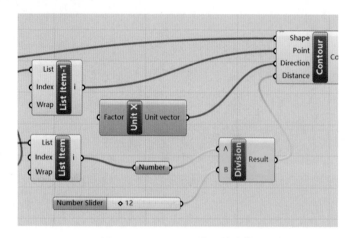

图4-73　Division运算器的连接

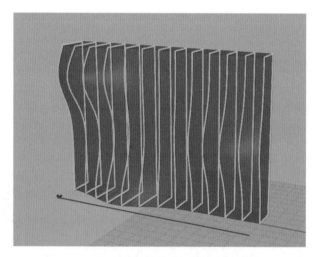

图4-74　生成纵向剖面线

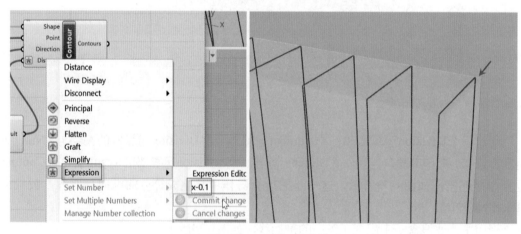

图4-75　Distance端口的表达式

4.3.4 生成横向剖面线

本小节创建波浪盒子的横向剖面线。

将上一小节创建的List Item运算器复制一个，命名为List Item-2，在其Index端口连接一个Slider运算器，取值为8。波浪盒子左前方生成一根与盒子登高的垂线，如图4-76所示。

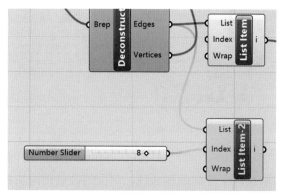

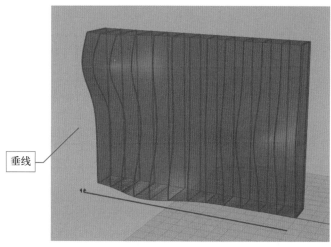

图4-76 生成垂线

将上一小节创建的Division运算器、Number运算器和Slider运算器复制一份，移动到List Item-2运算器附近，分别命名为Division-1、Number-1。Number-1运算器与List Item-2运算器连接，具体连接方法如图4-77所示。

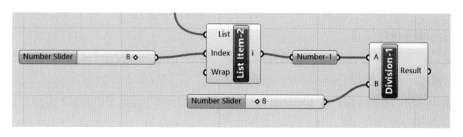

图4-77 复制3个运算器并连接

将上一小节创建的Contour运算器复制一个，移动到Division-1运算器附近，命名为Contour-1。将其Distance端口与Division-1运算器连接。创建一个Unit Z运算器，与Contour-1运算器的Direction端口连接，如图4-78所示。

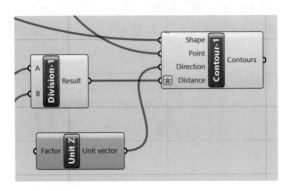

图4-78　复制Contour运算器

将Division运算器和Division-1运算器B端口的Slider滑块取值都设置为8，视图中的波浪盒子上呈现出水平和垂直两个方向的剖面线，剖面的数量由滑块控制，如图4-79所示。

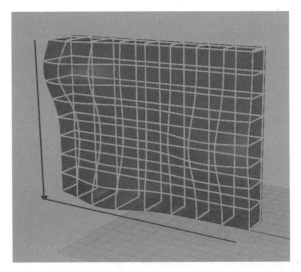

图4-79　两个方向的剖面线

4.3.5　剖面线的优化

上一小节已经完成了波浪盒子两个方向的剖面线，但是生成的剖面线往往会有缺陷。本节对剖面线做优化处理。

当前，如果关闭第一个Brep运算器的预览，视图中的剖面线如图4-80所示，可以看到水平方向底部的剖面线没有生成。

创建一个Move运算器，将其Geometry端口与List Item-1运算器的i端口连接，如图4-81所示。

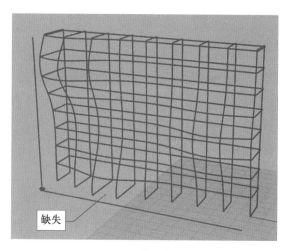

图4-80 缺失底部剖面线

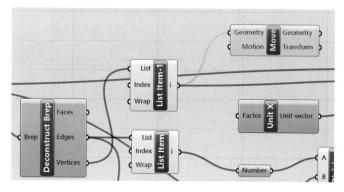

图4-81 创建Move运算器

将Move运算器移动到Contour-1运算器附近，将其Geometry端口与Contour-1运算器的Point端口连接，原来的连接被自动断开，如图4-82所示。

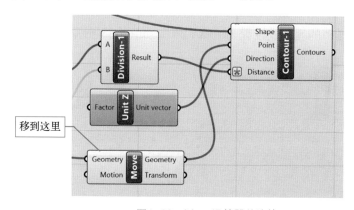

图4-82 Move运算器的连接

创建一个Unit Z运算器，与Move运算器的Motion端口连接。再创建一个Slider运算器，与Unit Z运算器连接，如图4-83所示。

底部水平剖面曲线正确生成，如图4-84所示。

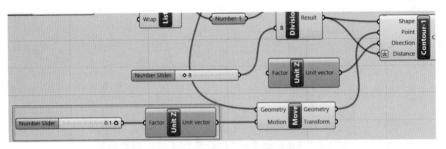

图4-83　Unit Z运算器的连接

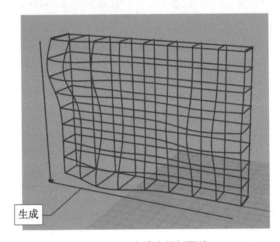

图4-84　生成底部剖面线

4.3.6　生成纵向剖面厚度

到上一小节，波浪盒子两个方向的剖面轮廓已经创建完成，本小节开始制作隔板的厚度。

创建3个运算器：Move、Unit X和Slider。将Move的Geometry端口与Contour运算器连接，将Unit X的Factor端口的表达式设置为"-X / 2"，如图4-85所示。

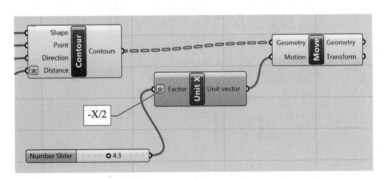

图4-85　Move运算器的连接

经过上述步骤，所有纵向的剖面曲线侧面都生成了一个平行且等大小的曲线，二者之间的间距由Slider滑块控制，如图4-86所示。

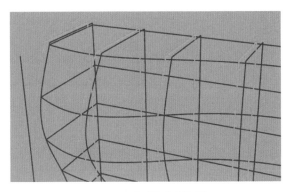

图4-86　生成平行剖面线

创建3个运算器：Surface、Extrude和Unit X。Surface运算器与Move运算器和Extrude运算器相连接，Unit X运算器与Extrude运算器和Slider运算器连接。这一步骤通过Surface运算器填充剖面曲线形成平面，再通过Extrude运算器挤压平面产生厚度，如图4-87所示。

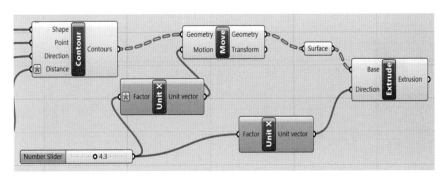

图4-87　Extrude运算器的连接

视图中，所有剖面曲线都生成了厚度，成为隔板，如图4-88所示。

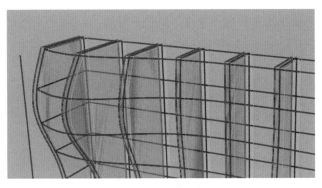

图4-88　剖面曲线生成厚度

4.3.7　生成横向剖面厚度

上一小节生成了纵向隔板的厚度，本小节将生成横向隔板的厚度。

将上一小节创建的6个运算器复制一份，移动到Contour-1运算器附近，如图4-89所示。

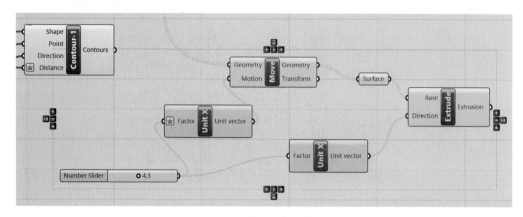

图4-89　复制6个运算器

重新设置几个运算器的连接方式。Move运算器与Contour-1运算器连接，Extrude运算器的Direction端口更换连接为Unit Z运算器，Factor端口的表达式为"-x"，如图4-90所示。

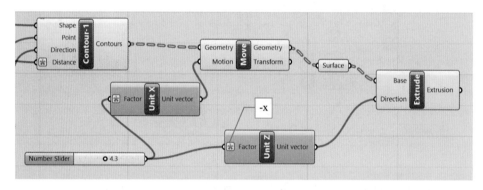

图4-90　重新设置运算器

视图中，横向剖面曲线也形成了厚度，如图4-91所示。

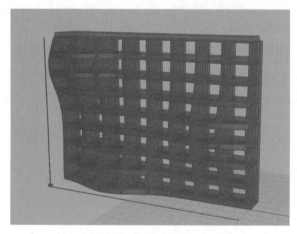

图4-91　书架完成

华夫结构书架建模全部完成。

4.4　嘉年华椅子

这款形似英文字母 C 的椅子叫作嘉年华椅子（Carnaval Chair），它的灵感来自传统的拉丁美洲嘉年华，旨在反映人的本质：热情、喜庆的节日精神。这款椅子是根据当地的一些活动特点而设计的，反映了当地人喜欢游戏的特性。嘉年华椅子实物照片如图4-92所示。

图4-92　嘉年华椅子

这个模型的制作流程主要包括扫掠路径曲线制作、扫掠曲面、放样、生成绳索等。

本案例模型源文件保存路径：资源包 > 第4章-时尚家具设计 > 4.4-嘉年华椅子

4.4.1　导入和设置背景板

为了更准确、高效地制作模型，往往需要设置背景图或背景板。本案例将在两个视图中同时建模，所以需要制作背景板。

打开Rhino软件，打开资源包中的4.4.1.3dm文件。场景中有一个背景板，带有嘉年华椅子的侧视图贴图。当前视图的显示模式为着色模式，如图4-93所示。

如果在读者的电脑上无法显示贴图，可以参考如下设置来显示贴图。

➢　在透视图图标上单击右键或单击其右侧的下拉箭头，在弹出的菜单中执行"显示选项"命令。

➢　弹出"Rhino选项"对话框，在"着色设置"区域勾选"着色物件"复选框，将"颜色&材质显示"模式设置为"渲染材质"，如图4-94所示。

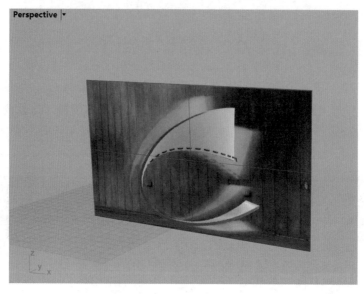

图4-93　带有侧视图的背景板

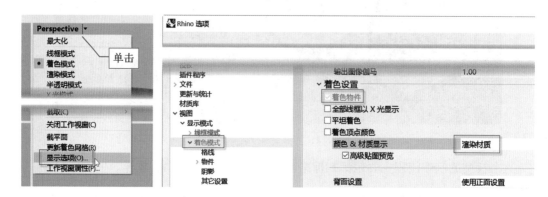

图4-94　着色设置

4.4.2　绘制第一段路径曲线

本小节将通过两个Point运算器绘制一段扫掠路径曲线。

在GH工作区，创建一个Interpolate运算器和一个Point运算器。将Point运算器与Interpolate运算器的Vertices端口连接，如图4-95所示。

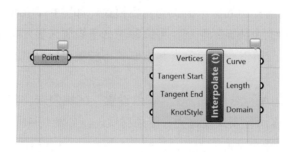

图4-95　创建两个运算器

在Point运算器上单击右键，在快捷菜单中执行Set one Point命令。在前视图的背景板上单击鼠标，设置一个点。使用移动工具将点移动到如图4-96所示的位置。

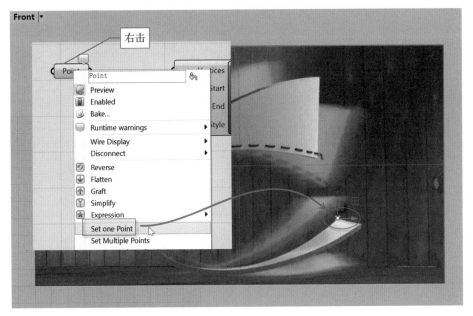

图4-96　创建第一个点

将上一步创建的Point运算器复制一个，并与Interpolate运算器相连接。视图中，两个点之间出现连线，如图4-97所示。

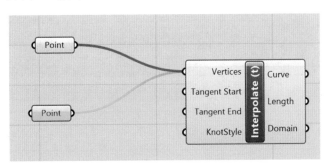

图4-97　复制一个Point运算器

选中新创建的点，参考背景图，在视图中移动该点的位置。在透视图和前视图中，该点的位置如图4-98所示。

目前，两个点之间的连线是一条直线，而需要的连线形态是弧形曲线，应做进一步设置。

创建一个Unit Y运算器和一个Unit X运算器，分别与Interpolate运算器Tangent Start和Tangent End端口相连接。透视图中，两点之间的连线变为曲线形态，但是曲线的弯曲方向错误，如图4-99所示。

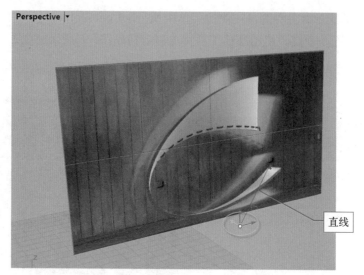

直线

图4-98 点的位置

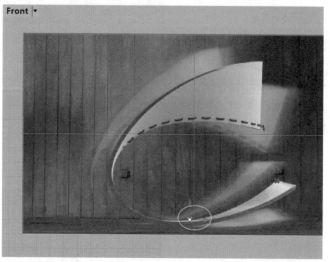

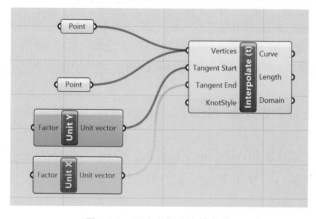

图4-99 两点之间的连接曲线

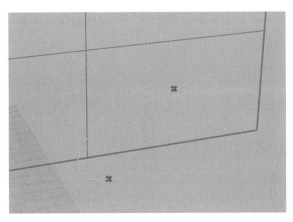

图4-99　两点之间的连接曲线（续）

在Unit Y运算器的Unit vector端口单击右键，设置表达式为"-x"。Unit X运算器也做相同的设置。连接曲线的弯曲方向变为Y轴的负方向，如图4-100所示。

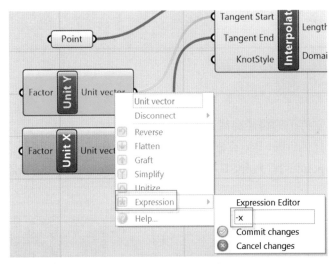

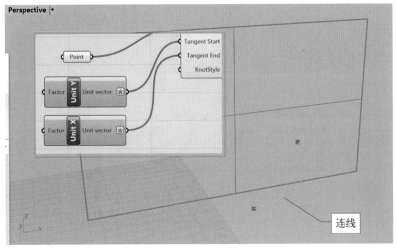

图4-100　改变连线弯曲方向

为了便于区别，可以将上述步骤创建的两个Point运算器重命名，分别命名为Point A和Point B，如图4-101所示。

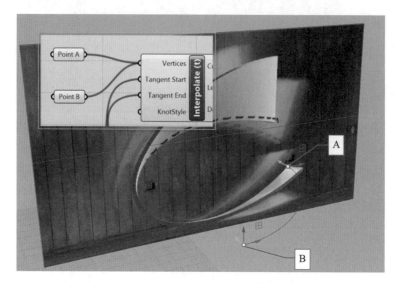

图4-101　重命名Point运算器

4.4.3　绘制完整路径曲线

本小节继续绘制椅子的路径曲线。

将上一小节创建的Point B运算器复制一个，命名为Point C。再创建一个Interpolate运算器，命名为Interpolate-1。Point B和Point C同时与Interpolate-1运算器连接，如图4-102所示。

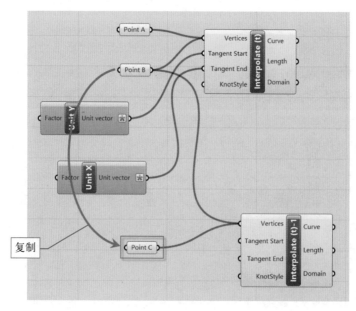

图4-102　复制Point运算器

　　由于Point C是直接复制Point B的，所以在当前视图中，Point C与Point B的位置是重合的。在GH工作区选中Point C运算器，回到视图中，将点移动到如图4-103所示的位置。现在点B与点C之间的连线是一条直线。

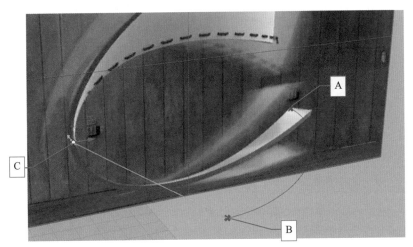

图4-103　Point C的位置设置

　　创建一个Unit X运算器和一个Unit Z运算器，分别与Interpolate-1相连接，其中Unit X运算器的Unit vector端口表达式为"-X"。B点和C点之间的连线变为曲线，如图4-104所示。

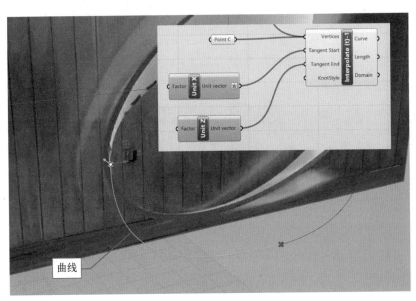

图4-104　编辑曲线形态

　　复制Point C运算器，命名为Point D。新建一个Interpolate运算器，命名为Interpolate-2。创建一个Unit Z和一个Unit Y运算器，分别与Interpolate-2相连接，如图4-105所示。

　　在视图中参照背景图，编辑Point C和Point D的位置，编辑曲线的形态，如图4-106所示。

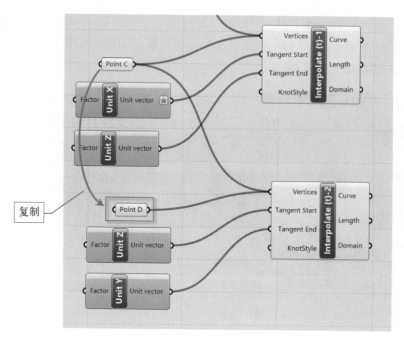

图4-105　创建Point C运算器

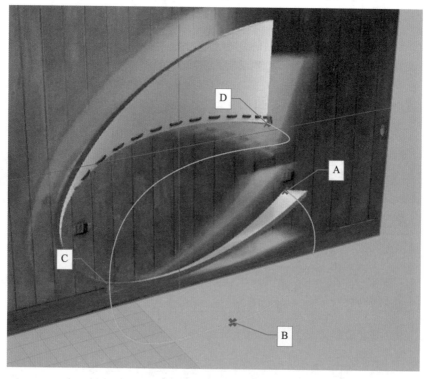

图4-106　编辑曲线形态

　　目前，前视图中曲线的形态如图4-107所示。因为仅靠4个点无法保证曲线与背景图完全一致，还需要添加更多Point运算器。

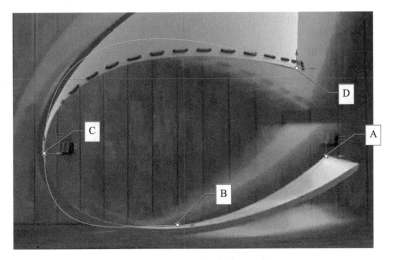

图4-107　前视图中曲线的形态

4.4.4　路径曲线的优化

本小节将继续优化曲线，使其与背景图完全一致。

依照上一小节的做法，在曲线上再添加几个Point运算器，编辑其形态。GH工作区的运算器和连接方式如图4-108所示。其中，Point E、Point F和Point G为新增的运算器。

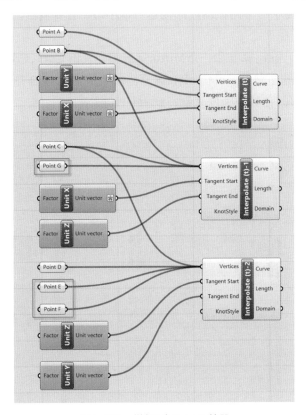

图4-108　增加3个Point运算器

前视图中，编辑7个Point运算器点的分布，效果如图4-109所示。现在曲线的形态与背景图完全一致。

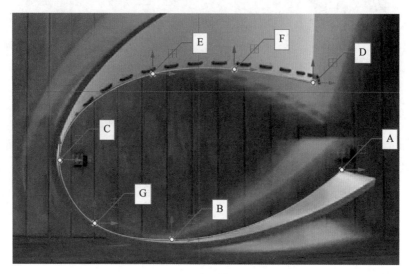

图4-109　7个运算器的分布

4.4.5　路径曲线的后期处理

上一小节完成了椅子一半路径曲线的创建，本小节将合并曲线，并镜像另一半，完成全部路径曲线的制作。

创建一个Join Curves运算器和一个Mirror运算器。Join Curves运算器与3个Interpolate运算器同时连接，目的是将3个Interpolate运算器所生成的曲线合并为一根完整的曲线。Mirror运算器将合并好的曲线做镜像复制，如图4-110所示。

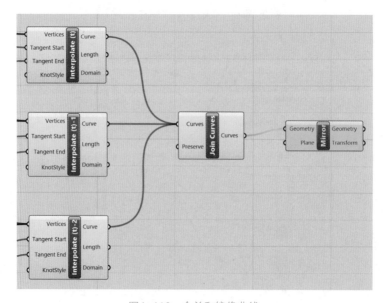

图4-110　合并和镜像曲线

镜像的结果如图4-111所示。可以看到,镜像出来的曲线方位错误。

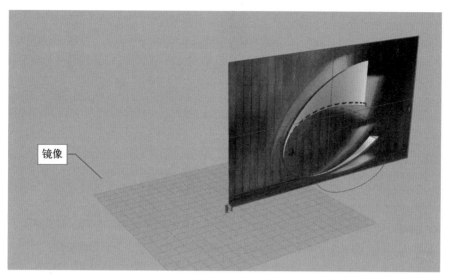

图4-111 曲线镜像结果

创建一个XZ Plane运算器,将其与Mirror运算器连接。镜像曲线出现在正确的位置,如图4-112所示。

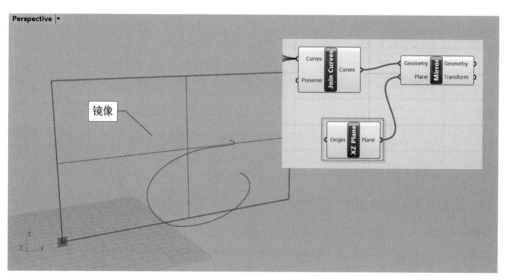

图4-112 镜像曲线的正确位置

创建一个Join Curve运算器和一个Rebuild Curve(重建曲线)运算器,将其与Mirror运算器连接。再创建两个Slider运算器,取值分别为3和100,并分别与Rebuild Curve运算器的Degree(度数)和Count(数量)端口连接,如图4-113所示。

这几个运算器的作用是合并两根曲线,重建路径曲线,度数为3,顶点数量为100个。

在Rebuild Curve运算器上单击右键,执行Bake命令,将路径曲线烘焙成三维曲线。选中烘焙出来的曲线,可以看到上面均匀分布了100个控制点,如图4-114所示。

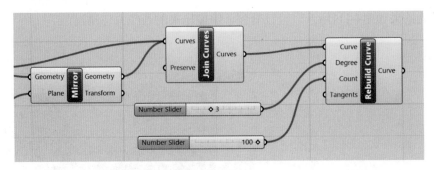

图4-113　重建曲线

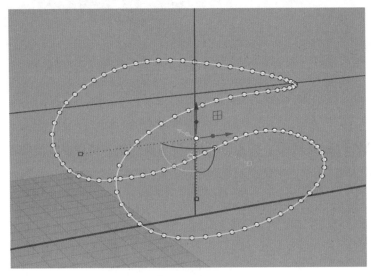

图4-114　烘焙成三维曲线

上述的烘焙操作是为了验证路径曲线的正确性，如果没有问题即可将三维曲线删除。

4.4.6　创建扫出截面

通过前面几个小节的操作，已经完成了扫掠路径曲线的制作。本小节将创建4条作为扫掠截面的直线。

创建一个Perp Frame运算器和一个Rotate Plane运算器，将两个运算器与Rebuild Curve运算器首尾相连。

创建一个Slider运算器，数值设置为0，与Perp Frame运算器的Parameter端口连接。这个运算器控制的是截面曲线在路径上的位置系数，0代表路径的起点。创建一个Slider运算器，与Rotate Plane运算器的Angle端口连接，如图4-115所示，这个运算器用于控制截面直线的角度。

创建一个Deconstruct Plane运算器和一个Line SDL运算器，将两个运算器与Rotate Plane运算器首尾相连。在Line SDL运算器的Length端口连接一个Slider运算器，这个运算器用于生成截面直线并控制其属性，具体连接方法如图4-116所示。

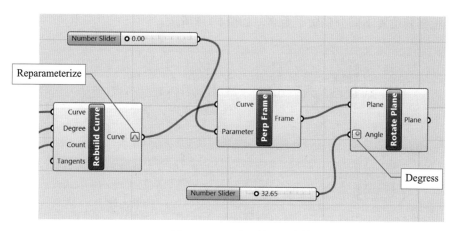

图4-115　两个运算器的连接

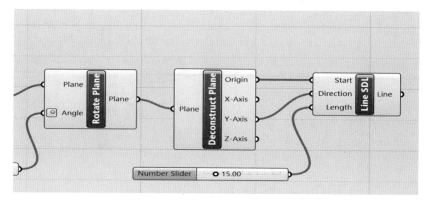

图4-116　Line SDL运算器的连接

　　使用上述几个运算器的结果是在路径的起点处绘制了一根作为扫掠截面的直线，直线的长度可以用Line SDL运算器的Length端口滑块调节，直线的角度可以用Rotate Plane运算器的Angle端口滑块调节，如图4-117所示。

图4-117　起点处的直线截面

　　依照上述的做法，再创建另外3个截面直线，位置系数分别为0.25、0.75和1。4个Line

SDL运算器根据其位置不同分别做了命名，如图4-118所示。

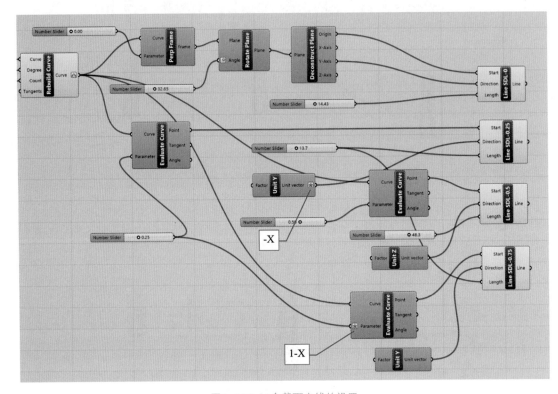

图4-118 4个截面直线的设置

全部完成的截面直线的分布和长度如图4-119所示。

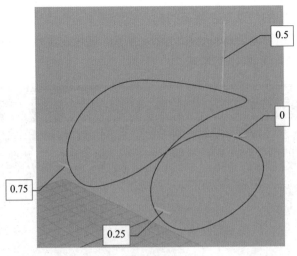

图4-119 完成的截面直线

4.4.7 扫掠曲面

通过前面5个小节的编辑制作，完成了创建椅子C形框架所需的全部线条。本小节通过扫掠工具生成框架曲面。

创建一个Sweep1运算器，将其Rail端口与4.4.5小节创建的Rebuild Curve运算器相连接，其含义是用重建的路径曲线作为扫掠的路径。将其Sections端口与Line SDL-0运算器连接，如图4-120所示。

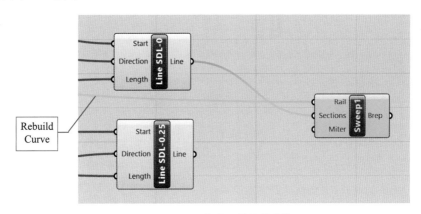

图4-120　扫掠运算器的连接

视图中，扫掠生成的曲面如图4-121所示。目前仅使用了0位置的直线作为截面，另外3个位置的截面直线并未使用。

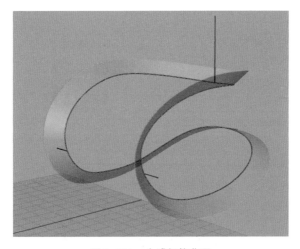

图4-121　生成扫掠曲面

再将Line SDL-0.25、Line SDL-0.5和Line SDL-0.75这3个运算器同时与Sweep1运算器的Sections端口相连接。目前4个截面直线都加入了扫掠曲面，生成的曲面如图4-122所示。

通过上述步骤，采用扫掠工具生成了椅子的框架曲面。但是目前它只是一个没有厚度的面，还不是三维实体。要得到三维实体，首先需要生成偏移曲面。

创建一个Offset Surface运算器，将其与Sweep1相连接；在其Distance端口连接一个Slider运算器，将Slider的参数设置为3.0左右。

视图中，生成一个与框架曲面平行的曲面，两者之间的距离由Offset Surface运算器的

Distance端口滑块控制，如图4-123所示。

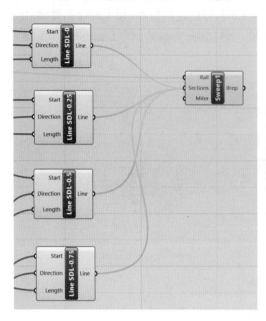

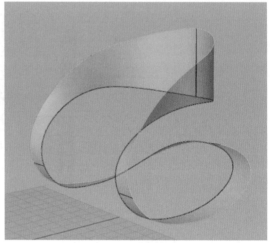

图4-122　扫掠完成的曲面

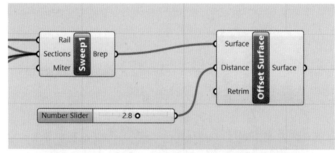

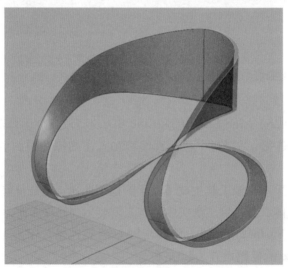

图4-123　生成偏移曲面

4.4.8　补面形成实体

上一小节完成了椅子框架所需要的两个曲面。但是两个曲面之间还是悬空的，需要通过放样工具将缝隙填补起来，使框架成为三维封闭实体。

放样之前需要把两个曲面的边缘分离出来。创建两个Deconstruct Brep运算器和两个List Item运算器。两个Deconstruct Brep运算器分别与Sweep1和Offset Surface运算器连接，如图4-124所示。

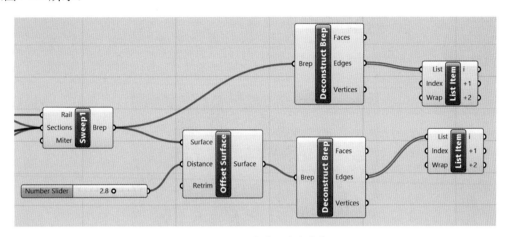

图4-124　分离曲面边缘曲线

通过这一步的设置，两个曲面的边缘被分离出来。图4-125中的绿色曲线即为被分离出来的曲面边缘。

图4-125　分离出来的曲面边缘

创建两个Loft运算器和一个Brep Join运算器，连接方法如图4-126所示。

通过上述步骤，两个框架曲面之间生成了放样曲面，将缝隙填补起来，成为封闭的三维实体，如图4-127所示。

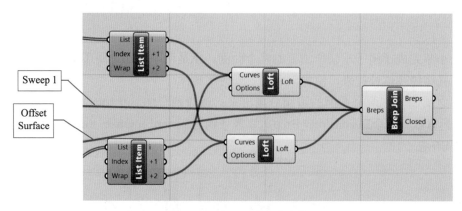

图4-126　Loft运算器的连接

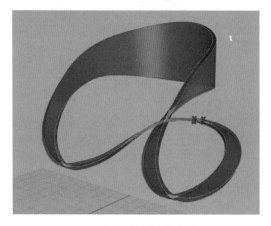

图4-127　放样填补空隙

4.4.9　生成绳索锚点

椅子框架模型完成之后，接下来要制作绳索。首先需要创建生成绳索的点和线。

创建一个Construct Domain运算器和一个Sub Curve运算器。将Sub Curve运算器的Base Curve端口与4.4.5小节创建的Rebuild Curve运算器相连接，将Domain端口与Construct Domain运算器相连接。

再给Construct Domain运算器的Domain start和Domain end端口各连接一个Slider运算器，两个滑块的数值分别设置为0.32和0.44左右，如图4-128所示。

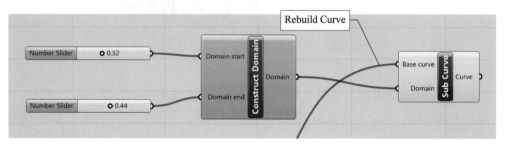

图4-128　Sub Curve运算器的连接

上述运算器的作用是，在框架的内侧边缘提取一段曲线，曲线的起点和终点由两个滑块控制，图4-129中两个箭头所指位置为曲线的两端。

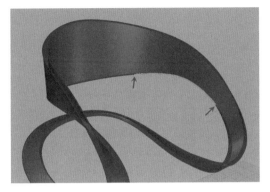

图4-129　提取一段边缘曲线

将上述的4个运算器复制一份，将复制出来的Sub Curve运算器命名为Sub Curve-1，仍与Rebuild Curve运算器相连接。复制出来的Construct Domain运算器命名为Construct Domain-1，两个Slider滑块的取值分别为0.47和0.65左右，如图4-130所示。

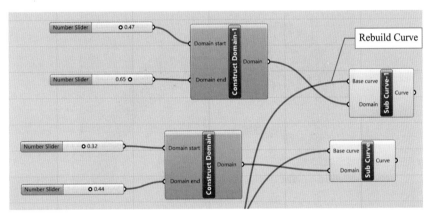

图4-130　复制4个运算器

经过这个步骤，在椅子框架的右侧提取了一段曲线，如图4-131所示。

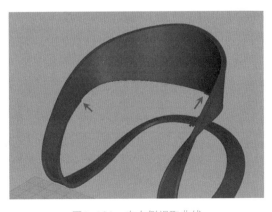

图4-131　在右侧提取曲线

创建一个Divide Curve（等分曲线）运算器，将其与Sub Curve运算器连接，其Count端口连接一个Slider运算器，如图4-132所示。

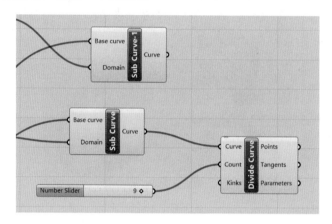

图4-132　Divide Curve运算器的连接

视图中，提取出来的曲线上出现了等分点，点的数量由Divide Curve运算器的Count端口滑块控制，如图4-133所示。

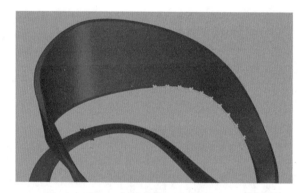

图4-133　曲线上的等分点

4.4.10　生成参照线

本小节将制作一根参考线，用于椅子上绳索的参照线。

创建4个运算器：Curve、Unit Z、Construct Plane和Point On Curve，连接方法和参数设置如图4-134所示。

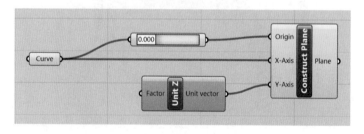

图4-134　4个运算器的连接

在视图中，使用直线工具绘制一根长度30左右、与Y轴夹角30°左右的直线。在上一步创建的Curve运算器上单击右键，执行Set one Curve命令，指定这条直线。直线的一端出现网格平面，如图4-135所示。

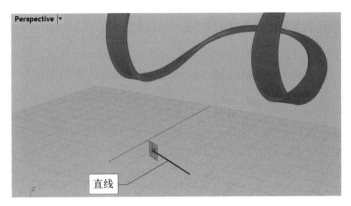

图4-135　绘制一段直线

创建一个Plane Origin运算器和一个Curve｜Plane运算器。Curve｜Plane运算器与Sub Curve-1运算器相连，具体连接方法如图4-136所示。

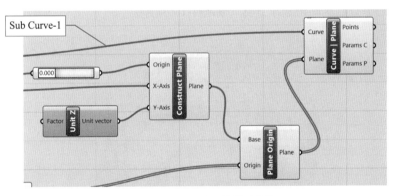

图4-136　两个运算器的连接

这一步操作的结果是，形成了右侧曲线上的等分点和左侧曲线等分点上的网格面，如图4-137所示。

图4-137　等分点和网格面

4.4.11 生成连线

上一小节，生成了参照线。本小节将完成绳索连线。

创建一个Line运算器，将其End Point端口与Divide Curve运算器连接，将其Start Point端口与Curve | Plane运算器的Points端口连接，如图4-138所示。

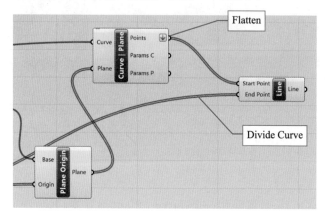

图4-138 Line运算器的连接

两段曲线的等分点之间形成了连线，如图4-139所示。

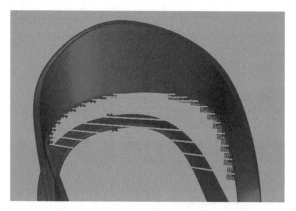

图4-139 生成连线

创建一个Mirror运算器，将其Geometry端口与Line运算器连接，在其Plane端口连接一个XZ Plane运算器，如图4-140所示。

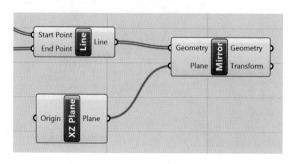

图4-140 Mirror运算器的连接

　　通过上述操作，可把上一步生成的连线镜像到右侧。视图中，生成了镜像的一组连线，如图4-141所示。至此，制作绳索所需要的线条全部完成。

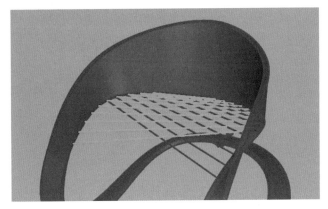

图4-141　镜像生成的右侧连线

　　最后，创建一个Pipe（圆管）运算器，将其同时与Line和Mirror运算器连接。并将二者的连线加上厚度，成为三维实体绳索模型，如图4-142所示。

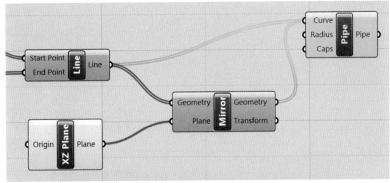

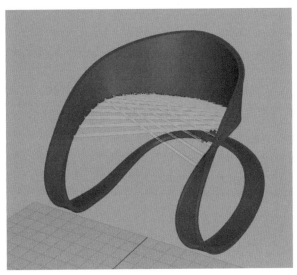

图4-142　生成连线厚度

　　嘉年华椅子的建模全部完成。最后需要提醒一下，转动4.4.10小节中创建的直线，可以改变绳索的角度，如图4-143所示。

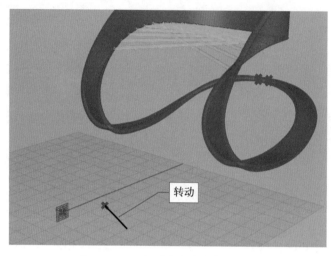

图4-143　可以改变绳索角度的直线

　　本案例到此全部完成。

第5章
工艺品设计

　　本章详细讲解四件工艺品的参数化设计流程，从不同的侧面展示 Grasshopper 参数化建模的能力：既可以做形状规则的模型，同时对于外形不规则模型的创建同样游刃有余。参数化建模还具有辅助设计能力，可以帮助设计师省去大量烦琐的计算时间，而专注于设计本身。因此参数化建模具有良好的用户使用体验。

5.1　繁　花　杯　垫

本节讲解一种繁花杯垫的制作方法。繁花图案具有很强的装饰性和实用性，既可以作为纹饰，也可以制成实物，应用非常广泛。图5-1为繁花杯垫成品渲染图。

图5-1　繁花杯垫成品图

> 本案例模型源文件保存路径：资源包 > 第5章-工艺品设计 > 5.1-繁花杯垫

5.1.1　放射线的创建

在GH工作区创建一个Construct Point运算器。在视图中的坐标原点上，出现一个红色的×号，表示点的位置，如图5-2所示。

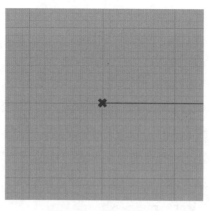

图5-2　创建一个点

创建一个数值为30的Slider运算器，将其与Construct Point运算器的X coordinate端口相连接。此时，红色的×号将位于X轴上30单位位置，如图5-3所示。

拖动滑块，可以控制点在X轴上的位置。

创建一个Polar Array运算器，将其Geometry端口与Construct Point运算器相连接。视图中呈现10个点的环形阵列，这里点的数量是默认值，如图5-4所示。

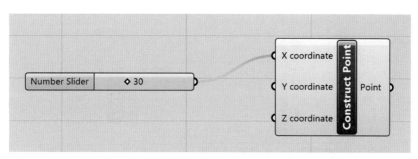

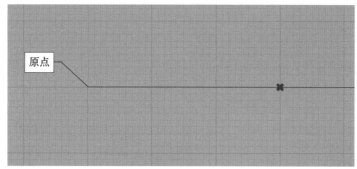

图5-3 点的坐标位置

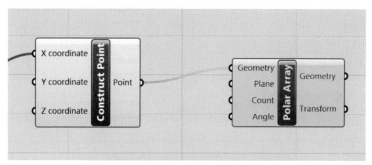

图5-4 点的环形阵列

创建一个Slider滑块，将其与Polar Array运算器的Count（计数）端口相连接，通过滑块可以控制环形阵列中点的数量，如图5-5所示。

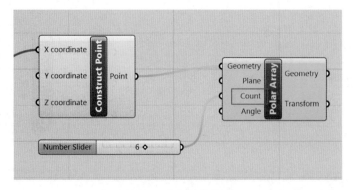

图5-5　控制点的数量

创建一个Line运算器，在其Start Point（起点）端口上右击，在弹出的快捷菜单中执行Set one Point命令，如图5-6所示。

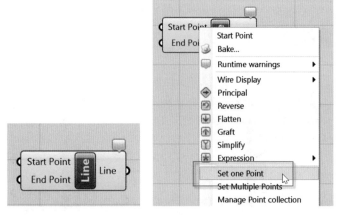

图5-6　Line运算器的设置

确保Rhino主界面下方的"物件锁点"按钮处于激活状态。在视图中，用鼠标左键在原点上单击，原点上会出现一个×号，该点被指定为直线的起点，如图5-7所示。

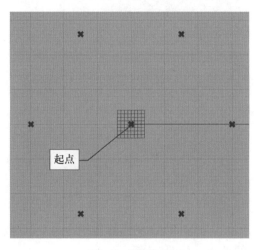

图5-7　指定起点

将Polar Array运算器的Geometry端口和Line运算器的End Point（终点）端口相连接，在视图中将形成放射状图案（此时的Count数值为12），如图5-8所示。

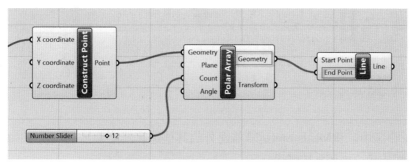

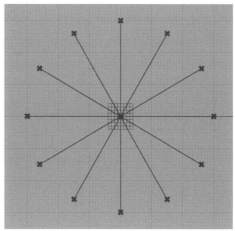

图5-8　放射状线条

5.1.2　创建螺旋线

这一小节将把上一小节制作的放射状直线编辑成螺旋形。

加载Transform面板中的Maelstrom（旋涡）运算器，将Line运算器与其Geometry端口相连，如图5-9所示。

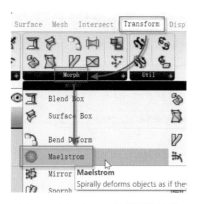

图5-9　Maelstrom运算器的连接

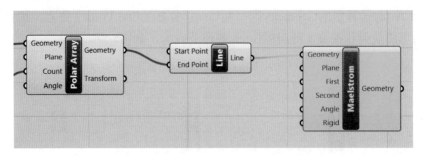

图5-9　Maelstrom运算器的连接（续）

　　在GH工作区中，将Maelstrom运算器之外的其他运算器隐藏预览，视图中的放射状线条将变形为螺旋状，如图5-10所示。

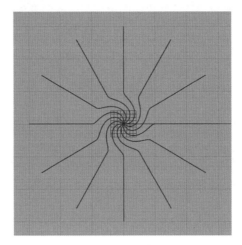

图5-10　Maelstrom运算器的初步结果

　　下面将对螺旋形放射线做进一步的编辑处理，使其符合要求。

　　创建两个Slider运算器，分别与Maelstrom运算器First和Second端口连接，数值范围分别是0~30和0~60，如图5-11所示。

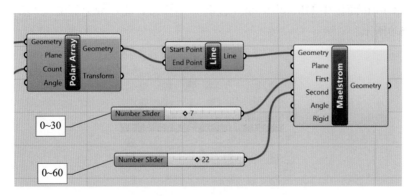

图5-11　创建两个滑块

　　上述两个Slider运算器分别用于控制螺旋曲线上两个转折处的圆弧半径。图5-12所示为First=7、Second=22时螺旋线的形态。

图5-12　两个滑块的作用

如果需要控制螺旋线外侧顶点的角度，可以创建一个Pi运算器，与Maelstrom运算器的Angle端口连接。再创建一个Slider滑块（取值范围0~1）与Pi运算器相连，如图5-13所示。

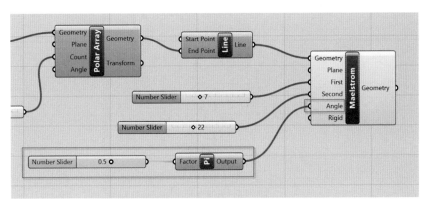

图5-13　Pi运算器的连接

拖动Slider滑块，可以控制螺旋形顶点的旋转角度。向右侧拖动，所有顶点顺时针转动，螺旋线的扭曲程度逐渐增加。向左拖动，所有顶点逆时针转动，同时螺旋线越趋向平直。如果滑块的数值为0，则螺旋线都变为直线，如图5-14所示。

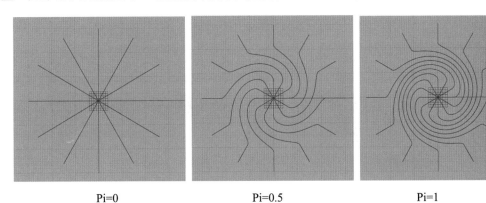

Pi=0　　　　　　　　　　Pi=0.5　　　　　　　　　　Pi=1

图5-14　不同Pi取值的对比

5.1.3　等分曲线

这一小节将对螺旋线做等分处理，为生成连接线做好准备。

创建一个Divide Curve运算器，将该运算器Curve端口与Maelstrom运算器连接起来。视图中的螺旋线上将出现等分点，默认的等分数量是10等分，如图5-15所示。

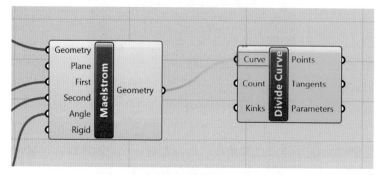

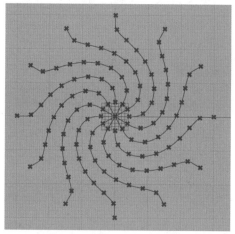

图5-15　等分螺旋线

创建一个Slider运算器，将其与Divide Curve（等分曲线）运算器的Count端口相连，用于控制等分点的数量，图5-16所示为等分数量15的情形。

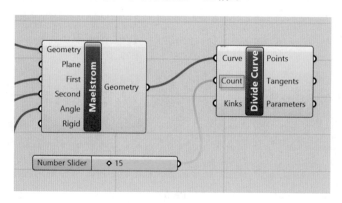

图5-16　等分点的数量控制

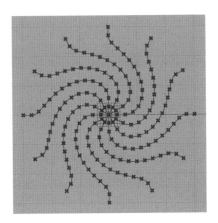

图5-16　等分点的数量控制（续）

5.1.4　生成连接线

这一小节将生成螺旋线相邻等分点之间的连线，并控制其切线方向。

创建一个Bezier Span运算器，用于调节连接线两端的切线方向。将其Start point和Start tangent端口分别与Divide Curve运算器的Points端口和Tangents端口相连接，如图5-17所示。

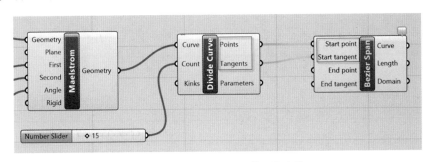

图5-17　Bezier Span运算器的连接

在工作区创建一个是Shift List运算器和一个最大值为1的Slider运算器，将Slider运算器与Shift List运算器的Shift端口相连，Maelstrom运算器的Geometry端口与Shift List运算器List端口连接，如图5-18所示。

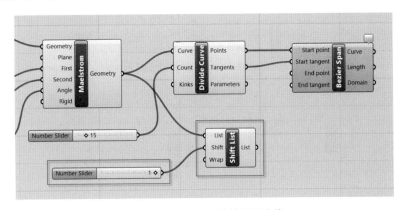

图5-18　Shift List运算器的连接

将Divide Curve运算器复制一个，连线方式如图5-19所示。

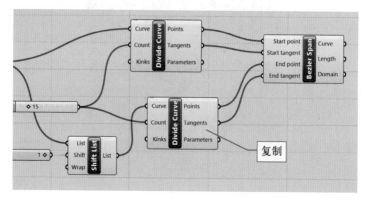

图5-19　复制Divide Curve运算器

视图中的螺旋线相邻等分点之间生成了连线，目前的形状像一个蜘蛛网。如果放大观察其中心部分的连线，会发现已经呈现出两端相切的情况，如图5-20所示。

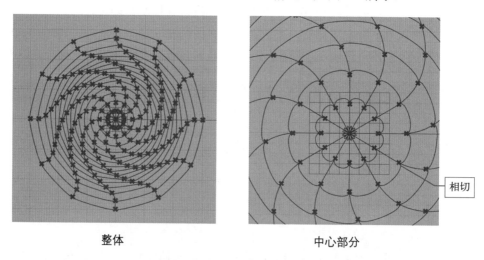

整体　　　　　　　　　　　　　　　　中心部分

图5-20　类似蜘蛛网的连线

创建两个Multiplication运算器和两个Slider运算器，连接方式如图5-21所示。

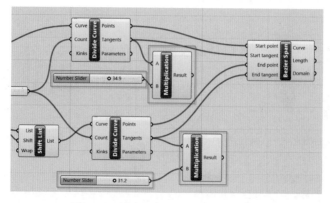

图5-21　创建两个Multiplication运算器

将上述两个Multiplication运算器分别与Bezier Span运算器上的两个端口相连，如图5-22所示。

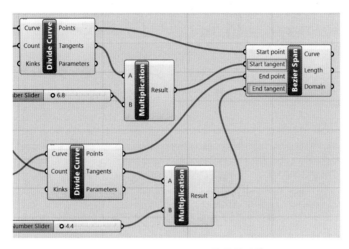

图5-22　Multiplication运算器的连接

将Divide Curve运算器的预览关闭，视图中的螺旋线呈现美丽的繁花图案，如图5-23所示。

图5-23　繁花图案

调节工作区的各种滑块，各种参数的组合可以形成无数种不同的繁花图案。

5.1.5　转换为实体模型

如需将繁花图案转换为实体模型，可以加载Pipe（圆管）运算器，将其与Bezier Span运算器连接，繁花线条被转换为三维实体圆管。再创建一个Slider运算器，控制圆管的直径，如图5-24所示。

繁花图案被转换成了三维实体模型，如图5-25所示。

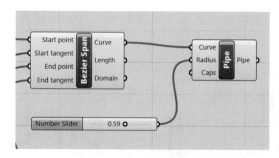

图5-24　Pipe运算器的连接

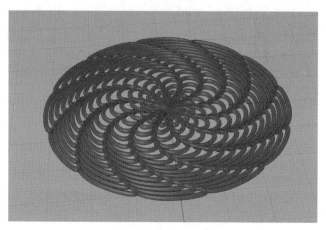

图5-25　三维实体繁花

本案例到此全部完成。

5.2　泰森多边形拼图

本案例为泰森多边形（Voronoi）制作的拼图，相邻拼图之间都有半圆形的锁扣结构。Voronoi是一组由连接两邻点线段的垂直平分线组成的连续多边形组成。一个泰森多边形内的任一点到构成该多边形的控制点的距离小于到其他多边形控制点的距离。图5-26为拼图成品图。

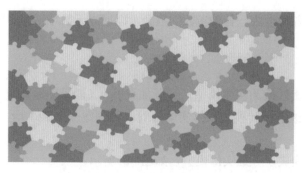

图5-26　泰森拼图成品图

5.2.1　创建泰森多边形

在GH工作区创建一个Rectangle运算器和两个Slider运算器。将两个Slider运算器分别与Rectangle运算器的X Size和Y Size端口相连，分别用于控制矩形的长和宽。视图中出现一个矩形，其左下角位于坐标原点，如图5-27所示。

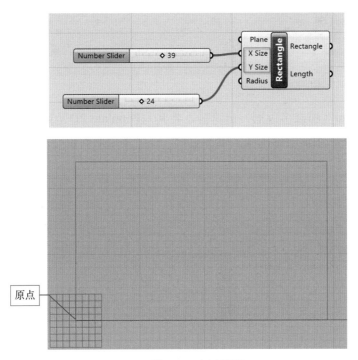

图5-27　创建矩形

创建一个Populate 2D（二维数据输入）运算器和两个Slider运算器。两个Slider运算器的取值范围分别为20~200和0~20000，分别与Populate 2D的Count（计数）和Seed（种子）端口相连接。矩形中出现红色×标记的点，数量由Count端口控制，Seed用于控制点的排列方式，如图5-28所示。

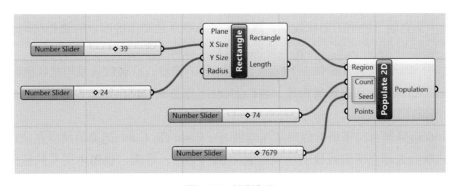

图5-28　矩形和点

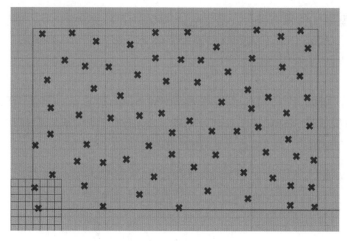

图5-28 矩形和点（续）

创建一个Voronoi（泰森多边形）运算器，将其与Populate 2D运算器和Rectangle运算器连接起来。视图中的矩形内部出现大量多边形，每个多边形的中心点与图5-28相对应，如图5-29所示。

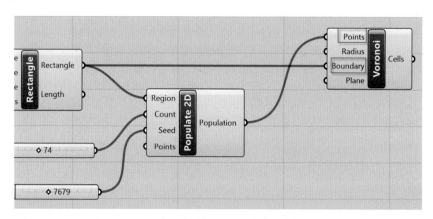

图5-29 矩形内部的泰森多边形

关闭Populate 2D运算器的预览，使红色的×点消失。

5.2.2 标记线段的中点

上一小节完成了拼图的形状设置。这个案例的难点是制作拼图上的锁扣结构。假定锁扣都位于每条边的中心位置，首先需要标记出每条边的中点。

创建一个Explode运算器和一个Point On Curve运算器，后者取值采用默认值0.5。将两个运算器和Voronoi运算器首尾相连。将Explode运算器Segments端口设置成Flatten模式，如图5-30所示。

Explode运算器可以将所有线段从两端断开，Point On Curve运算器可以在曲线上添加点，0.5的取值表示在所有线段的中点位置添加一个点。目前，视图中所有的线段两端和中点位置都出现了×点，如图5-31所示。

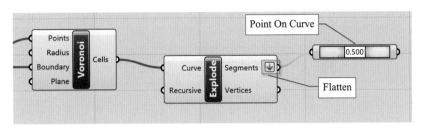

图5-30　创建两个运算器

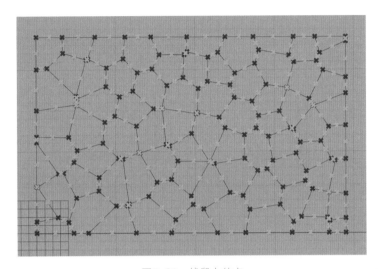

图5-31　线段上的点

将Point On Curve运算器的预览关闭，视图中所有线段中点位置的×点关闭显示。

创建一个Point In Curve运算器，分别与Point On Curve和Rectangle运算器相连接，如图5-32所示。

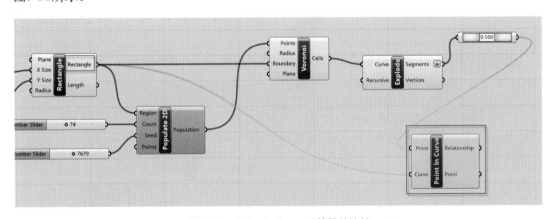

图5-32　Point In Curve运算器的连接

将光标移动到Relationship（关系）端口上，会弹出Relationship窗口，显示点的位置关系。0表示在曲线外侧，1表示在曲线上，2表示在曲线内侧，如图5-33所示。

创建一个Subtraction运算器和一个最大值为1的Slider运算器，连接方法如图5-34所示。Result列表中的数值都变为0或1。

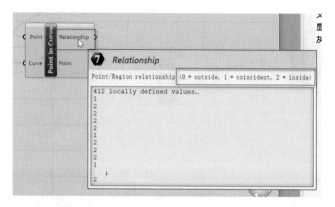

图5-33　Relationship窗口

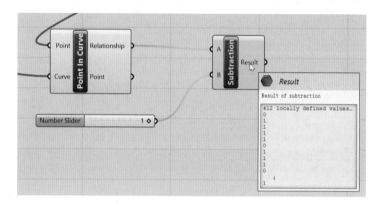

图5-34　Subtraction运算器的作用

5.2.3　线段长度的筛选

这一小节将对拼图的边长做一个筛选，将长度太短的边剔除，留下长度适合的边，生成卡扣。

创建一个Dispatch运算器和两个Curve运算器，连接方式如图5-35所示。

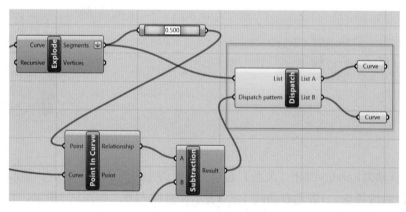

图5-35　Dispatch运算器的连接

创建一个Number运算器、一个Smaller Than运算器和一个Slider运算器，连接方式如

图5-36所示。

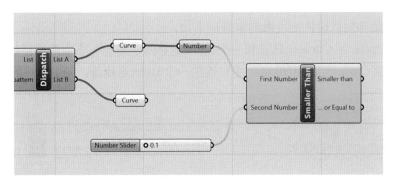

图5-36 Smaller Than运算器的连接

创建一个Dispatch运算器和一个Curve运算器，连接方式如图5-37所示。

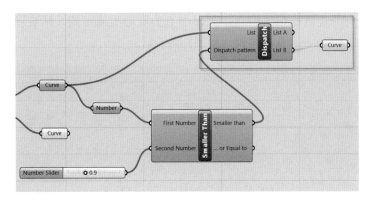

图5-37 Dispatch和Curve运算器的连接

将最后一个Curve运算器之外的所有运算器关闭预览。

拖动与Smaller Than运算器的Second Number端口连接的Slider运算器上的滑块，可以控制显示线条的长度，只有大于滑块数值的线段才会被显示。图5-38所示为取值2.0时的情形，长度小于2.0的线段都不会显示。

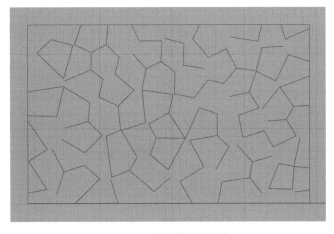

图5-38 筛选线段的长度

5.2.4 创建卡扣轮廓

本小节讲解如何创建拼图边缘的半圆形卡扣。

创建一个Point On Curve运算器和一个Circle运算器，与上一小节最后创建的Curve运算器首尾相连。在Circle运算器的Radius端口连接一个Slider运算器，如图5-39所示。

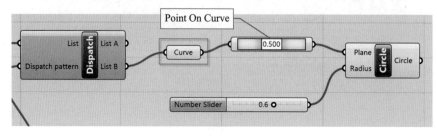

图5-39 三个运算器的连接

视图中，所有的边被标记了中点，并以中点为圆心生成了圆，所有圆的半径由Circle运算器Radius端口的Slider运算器控制，如图5-40所示。

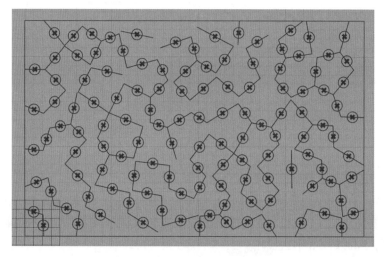

图5-40 生成中点和圆

创建一个Curve | Curve运算器，两个端口分别与Circle和Curve相连接。视图中所有的圆与拼图的边的交点被标记出来，如图5-41所示。

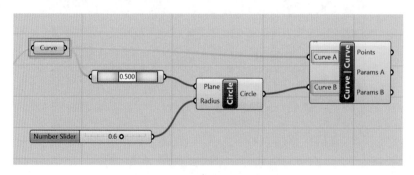

图5-41 标记交点

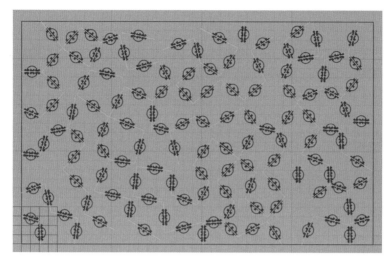

图5-41　标记交点（续）

创建一个List Item运算器，将其List端口与Curve | Curve运算器连接。将工作区适当放大显示，直到List Item运算器上出现+号，点击下方的+号，增加一个右侧输出端口，如图5-42所示。

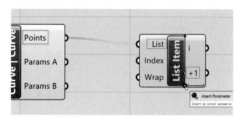

图5-42　List Item运算器的连接

创建一个Point运算器和一个Arc SED运算器，连接方式如图5-43所示。

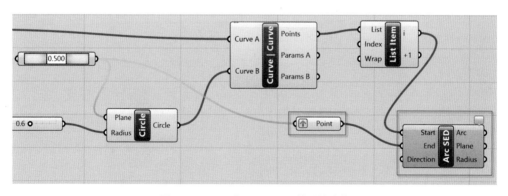

图5-43　Point和Arc SED运算器的连接

在最右侧的Curve运算器旁边再创建一个Curve运算器，将其拖动到Arc SED运算器附近，如图5-44所示。

将上面两步创建的Point和Curve运算器都设置为Graft模式。

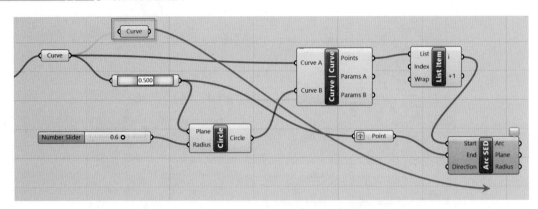

图5-44　Curve运算器的连接

创建一个Rotate 3D运算器，将其与上一步创建的Curve运算器和Point运算器连接起来，连接方法如图5-45所示。

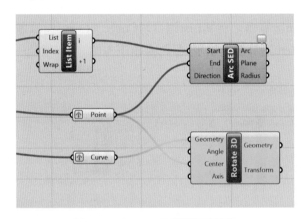

图5-45　Rotate 3D运算器的连接

视图中所有的圆上都出现了一条贯穿圆心的直线，如图5-46所示。

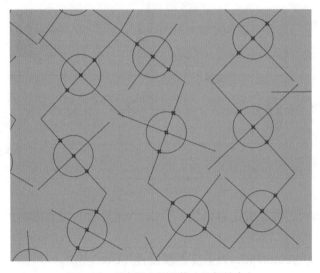

图5-46　贯穿圆心的直线（局部放大）

在Rotate 3D运算器的Angle端口上单击右键，在弹出的快捷菜单中选择Degrees命令。再创建一个Slider运算器，取值范围为20~160，与Angle端口相连接，如图5-47所示。

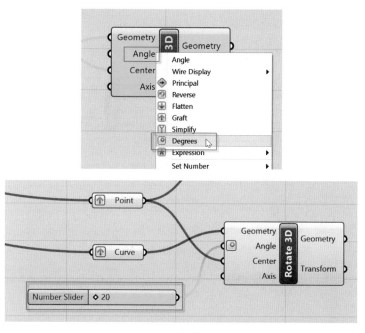

图5-47　Angle端口的设置

通过Slider运算器上的滑块，可以控制贯穿直线的角度，如图5-48所示。

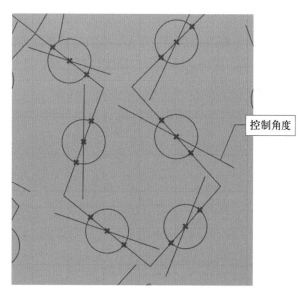

图5-48　角度控制

将Rotate 3D运算器的Geometry端口与Arc SED运算器的Direction端口连接起来，并适当调节Angle端口的Slider滑块值（90左右）。视图的圆中将出现两个反向的半圆，形成类似太极的图案，如图5-49所示。

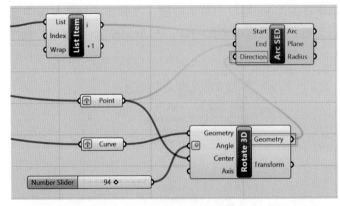

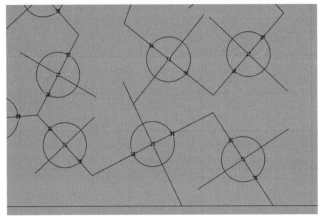

图5-49　太极图

　　将图5-35中的Dispatch运算器和最后一个Arc SED运算器之外的所有运算器关闭预览，视图中的拼图如图5-50所示。拼图之间的卡口轮廓设置完成，此时Arc SED运算器Angle端口的Slider滑块取值为118。

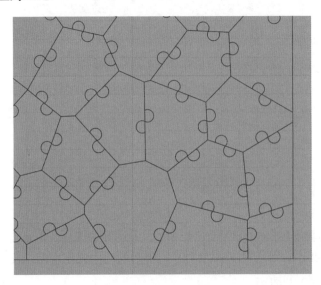

图5-50　形成拼图卡口轮廓

5.2.5 优化卡扣轮廓

上一小节完成了卡扣的轮廓曲线，本小节将优化卡扣轮廓，将不需要的线段删除。

创建一个Point运算器，将其与List Item相连接。视图中卡扣和边之间的交点被标记出来，如图5-51所示。

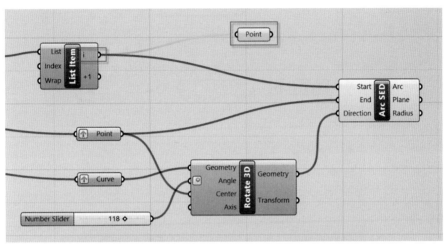

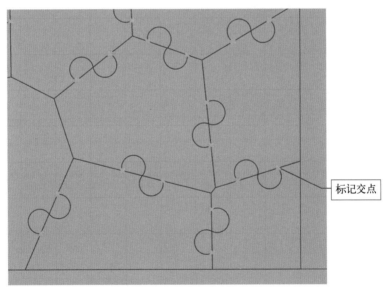

图5-51 标记交点

在图5-39中Curve运算器右侧创建一个Point On Curve运算器，与Curve相连接，将参数设置为0。视图中拼图轮廓的顶点被标记出来，如图5-52所示。

将上面两步创建的Point运算器和Point On Curve运算器移动到Arc SED运算器附近；创建一个Line运算器，分别与这两个运算器连接，如图5-53所示。

将Line运算器和Arc SED运算器之外的所有运算器关闭预览，视图中拼图的卡扣轮廓已经符合要求，如图5-54所示。

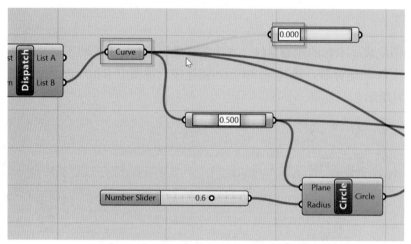

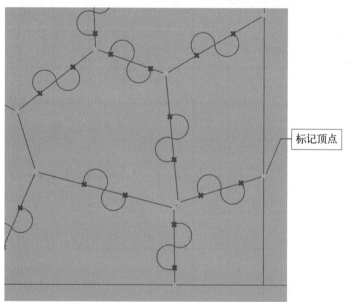

图5-52　标记顶点

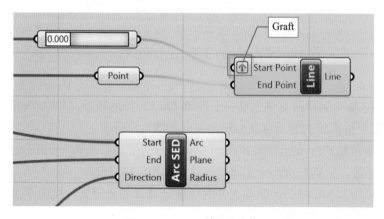

图5-53　Line运算器的连接

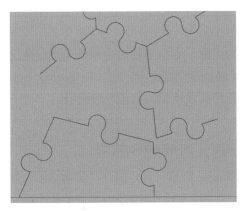

图5–54　卡扣轮廓完成

图5-54中，拼图上还有卡扣的边是空白的，这一步生成这些短边。创建一个Curve运算器，与Smaller Than右侧Dispatch运算器的List A端口连接，如图5-55所示。

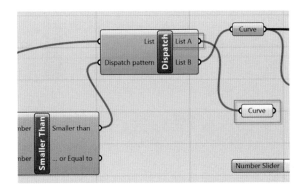

图5–55　Curve运算器的连接

将5.2.1小节创建的Rectangle运算器的预览打开，拼图的短边和拼图的长方形边框都生成了，如图5-56所示。

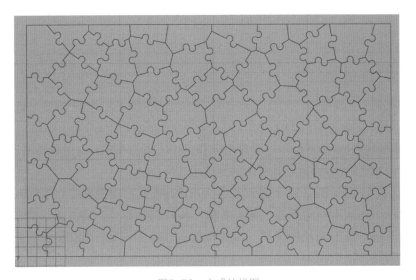

图5–56　完成的拼图

5.2.6 烘焙拼图

上一小节完成了拼图的边框，本小节将对边框做填充，使之成为三维实体。

在5.2.1小节创建的Rectangle运算器附近创建一个Surface Split运算器，将其与Rectangle端口相连接。视图中的拼图将被面填充，如图5-57所示。

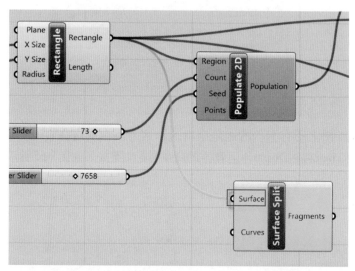

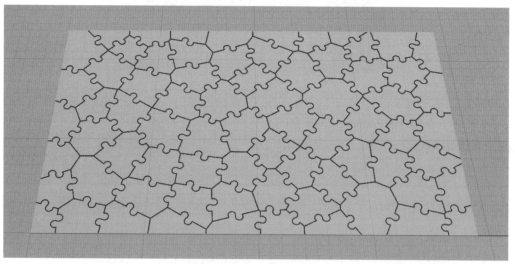

图5-57　填充拼图

将上一步创建的Surface Split运算器拖动到工作区最右侧的Line运算器附近，将图5-55中与List A端口相连的Curve运算器也拖动到这里。

将Surface Split运算器的Curves端口设置为Flatten模式，连接方式如图5-58所示。

最后，在Surface Split运算器上单击右键，执行Bake命令，将其烘焙成三维模型。隐藏所有GH运算器，此时每块拼图的三维模型都可以拆卸下来，如图5-59所示。泰森拼图案例至此完成。

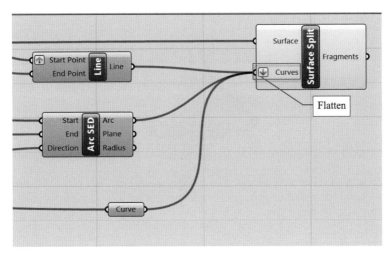

图5-58　Surface Split运算器的连接

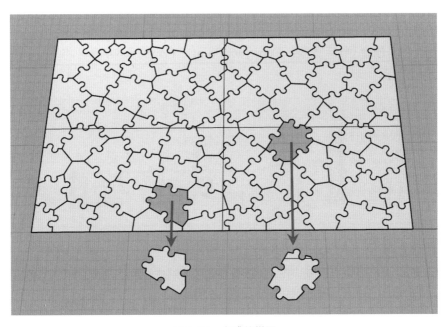

图5-59　完成的拼图

本案例到此结束。

5.3　双曲面摆件

本案例讲解一个双曲面模型的造型流程。这款双曲面模型造型奇特、巧妙，既可以作为一个漂亮的摆件，也可加工成把玩件。双曲面摆件金属材质成品渲染图如图5-60所示。

本案例模型源文件保存路径：资源包 > 第5章-工艺品设计 > 5.3-双曲面摆件

图5-60　双曲面摆件成品渲染图

5.3.1　圆弧的创建

创建双曲面模型，首先要绘制符合需要的圆弧。

在GH工作区创建3个运算器：Construct Point、YZ Plane和Arc。将3个运算器首尾相连，如图5-61所示。

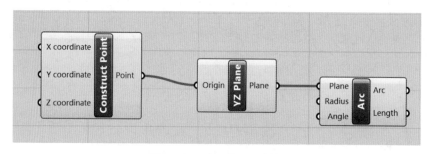

图5-61　3个运算器的连接

通过上述步骤，可以在坐标原点上创建一个半径为1、圆心角为180°（默认值）的圆弧，圆弧位于YZ平面上。视图中的情形如图5-62所示。

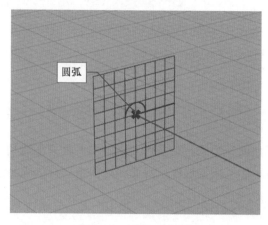

图5-62　创建一个圆弧

创建一个Slider运算器，取值为30，与Arc运算器的Radius端口连接。圆弧半径被设置为30，如图5-63所示。

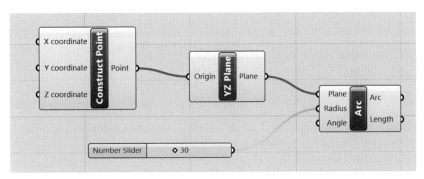

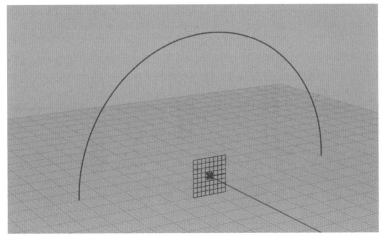

图5-63　半径30的圆弧

创建一个Addition运算器，将其Result端口与Construct Point运算器Y coordinate、Z coordinate端口同时相连。在A端口连接一个取值为5的Slider运算器，B端口与上一步创建的取值30的Slider运算器连接，如图5-64所示。

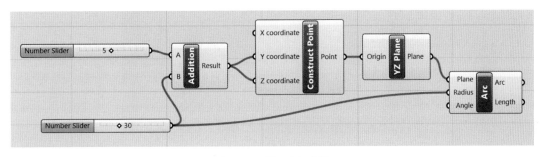

图5-64　设置坐标参数

通过上述步骤，设置了圆弧圆心的坐标位置为X、Y均为35，如图5-65所示。

创建一个Panel运算器，在其面板中输入表达式"pi to 1.5*pi"。设置圆弧对应的圆心角范围为180°~270°，如图5-66所示。

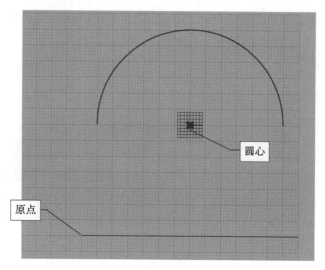

图5-65 设置圆心位置

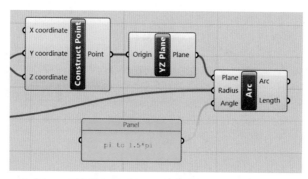

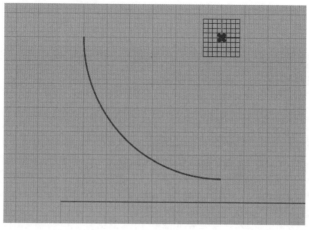

图5-66 设置弧长

5.3.2 生成双曲面

上一小节完成了圆弧的创建和设置。本小节将使用旋转成型运算器将圆弧加工成双曲面。

创建一个Revolution（旋转成型）运算器、一个Line SDL运算器和一个XY Plane运算器，连接方式如图5-67所示。

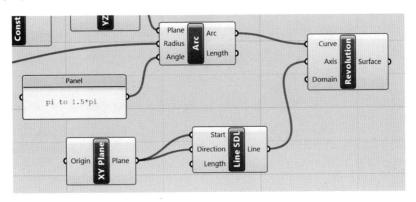

图5-67　Revolution运算器的连接

视图中，生成一个喇叭口形状的曲面，如图5-68所示。

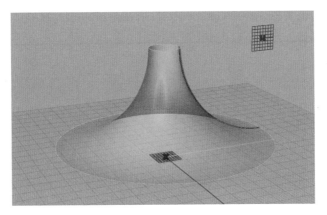

图5-68　生成双曲面

当前，弧线旋转成型的角度是360°，而我们需要的角度是180°。在Revolution运算器的Domain端口连接一个Panel运算器，在其面板中输入"pi"，如图5-69所示。

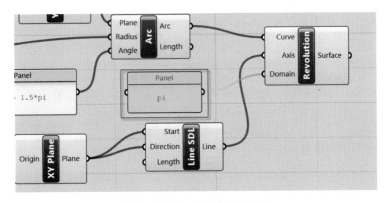

图5-69　Panel运算器的设置

视图中，曲面的旋转成型角度被设置为180°，如图5-70所示。

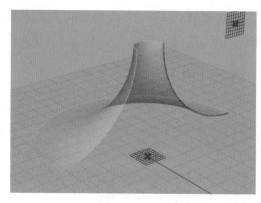

图5-70 旋转成型结果

5.3.3 镜像和复制曲面

本小节将对上一小节生成的曲面做镜像和复制。

创建一个Mirror运算器，将其Geometry端口与Revolution运算器连接，将其Plane端口与XY Plane运算器连接，如图5-71所示。

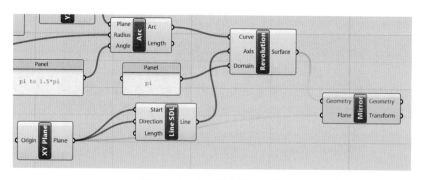

图5-71 Mirror运算器的连接

视图中，曲面模型生成镜像模型，如图5-72所示。

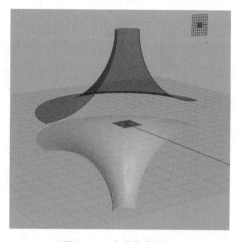

图5-72 生成镜像模型

创建一个Group运算器，将Revolution运算器和Mirror运算器都与其Objects端口连接。将Revolution和Mirror运算器关闭预览，如图5-73所示，两个双曲面被打包成一个群组。

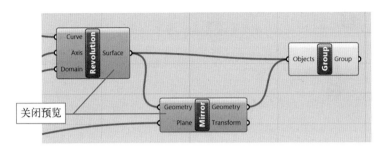

图5-73　Group运算器的连接

创建一个Mirror运算器，命名为Mirror-1。将其与Group运算器连接，再创建一个XZ Plane运算器，与Plane端口连接，如图5-74所示。

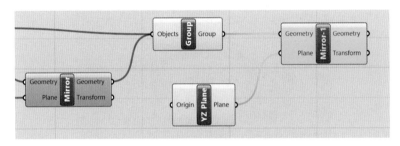

图5-74　Mirror-1运算器的连接

镜像结果如图5-75所示。

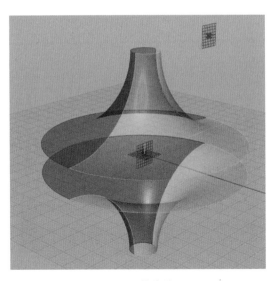

图5-75　镜像结果

创建一个Rotate运算器，将其Geometry端口与Mirror-1运算器的Geometry端口连接，将其Plane端口与XZ Plane运算器连接。

再创建一个Panel运算器，在其面板中输入表达式"0.5*pi"。将Mirror-1运算器关闭预览，如图5-76所示。

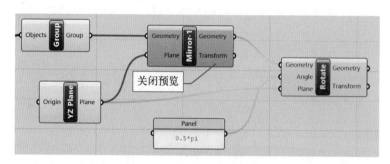

图5-76　Rotate运算器的设置

镜像曲面被旋转了90°，边缘恰好与旋转之前完全重合，如图5-77所示。

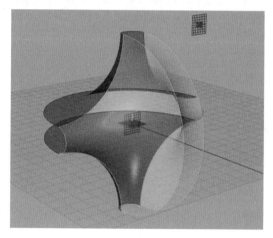

图5-77　旋转曲面的结果

5.3.4　偏移曲面

到上一小节，完成了4个曲面的创建和方位设置。但是，现在这个模型还没有厚度。要形成厚度，首先需要创建偏移曲面。

创建一个Merge运算器和一个Ungroup运算器。Merge运算器的D1端口和D2端口分别与Group运算器和Rotate运算器连接，其Result端口与Ungroup运算器连接，如图5-78所示。

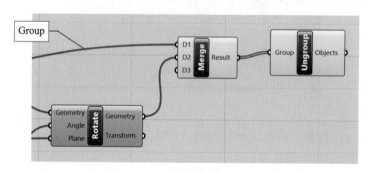

图5-78　Merge运算器的连接

创建一个Offset Surface运算器，将其Surface端口与Ungroup运算器连接，其Distance端口与一个Slider运算器连接，如图5-79所示。

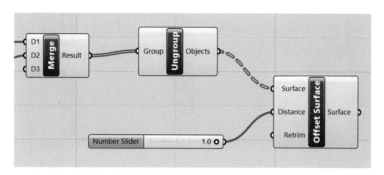

图5-79　Offset Surface运算器的连接

视图中，生成了偏移曲面，两者之间的间距由Offset Surface运算器Distance端口的滑块控制，如图5-80所示。

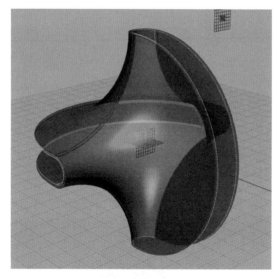

图5-80　生成偏移曲面

5.3.5　封闭曲面

上一小节完成了双曲面模型的内表面和外表面。但是两个表面之间还有空隙，需要将其填补起来，使用的运算器是放样。

首先，需要将内外表面的边缘提取出来。创建两个Deconstruct Brep运算器，分别与Ungroup运算器和Offset Surface运算器连接，如图5-81所示。

创建一个Loft运算器，将其Curves端口与两个Deconstruct Brep运算器的Faces端口连接，如图5-82所示。

视图中，两层曲面之间生成了放样曲面，将曲面之间的缝隙封闭，如图5-83所示。

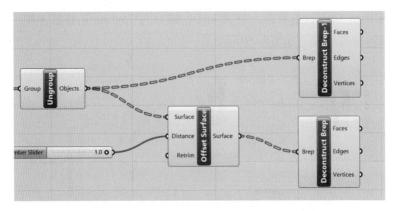

图5-81　两个Deconstruct Brep运算器的连接

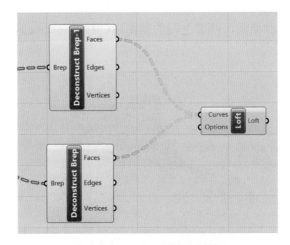

图5-82　Loft运算器的连接

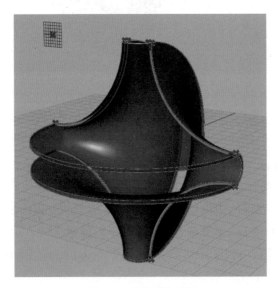

图5-83　放样封闭缝隙

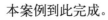本案例到此完成。

5.4　鸟巢盒子

这是一个非常炫酷的三维模型，充分体现了参数化建模技术的强大功能。一个立方体空间内填充了大量随机分布的枝条，酷似一个鸟巢，故名鸟巢盒子，如图5-84所示。构成鸟巢的枝条数量、分布、直径都可以任意设置。

图5-84　鸟巢盒子成品渲染图

本案例模型源文件保存路径：资源包 > 第5章-工艺品设计 > 5.4-鸟巢盒子

5.4.1　创建立方体

鸟巢盒子是基于立方体创建的，首先创建一个立方体模型。

创建3个运算器：XY Plane、Center Box和Slider运算器。将Slider的取值设置为30，同时与Center Box运算器的X、Y、Z这3个端口连接。XY Plane运算器与Center Box运算器的Base端口连接，如图5-85所示。

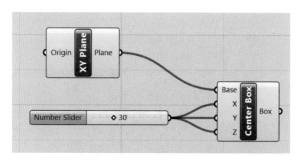

图5-85　Center Box运算器的连接

上述步骤创建出一个长、宽、高均为30的立方体，其中心位于坐标原点，如图5-86所示。

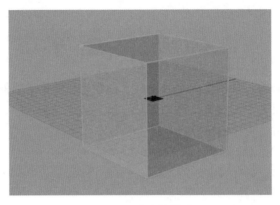

图5-86   立方体模型

5.4.2   创建随机连线

本小节创建从立方体中心到表面的随机连线。

创建随机标记点。创建一个Populate Geometry运算器，将其Geometry端口与Center Box运算器相连接，Count端口和Seed端口分别连接两个Slider运算器，如图5-87所示。

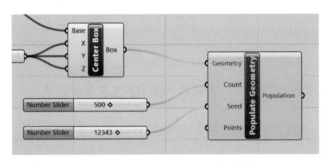

图5-87   Populate Geometry运算器的连接

通过上述设置，将在立方体表面生成随机分布的标记点，点的数量由Populate Geometry运算器Count端口的滑块控制，其Seed端口用于控制随机分布的种类，如图5-88所示。

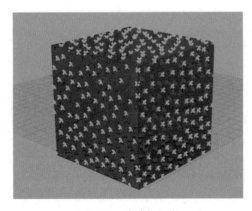

图5-88   生成标记点

生成连线。创建一个Line运算器，将其Start Point端口与XY Plane运算器连接，End Point端口与Populate Geometry运算器连接。关闭Center Box运算器的预览，如图5-89所示。

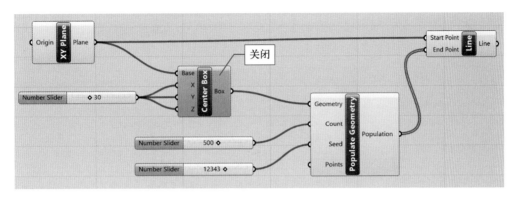

图5-89　Line运算器的连接

视图中，生成了坐标原点（立方体中心点）与立方体表面标记点之间的连线，如图5-90所示。

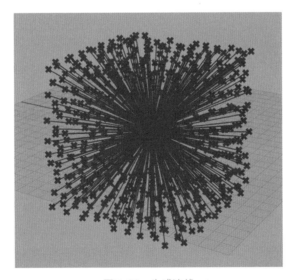

图5-90　生成连线

5.4.3　分解数据

本小节将对连线数据进行分解，为后续的步骤做好准备。

创建一个Construct Domain运算器和一个Slider运算器。将Slider运算器与Construct Domain运算器的Domain start和Domain end两个端口同时连接。在Construct Domain运算器的Domain start端口设置表达式语言："- X"，如图5-91所示。

在Construct Domain运算器下方创建一个Series运算器，在其Step端口连接一个Slider运算器，在其Count端口连接一个Panel运算器，输入数值为"3"，如图5-92所示。

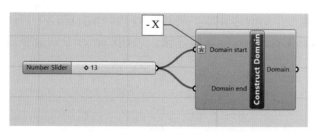

图5-91 Construct Domain运算器的连接

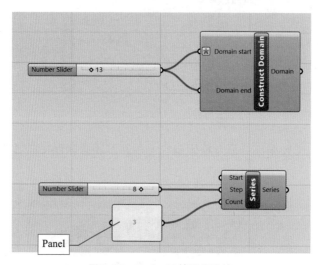

图5-92 Series运算器的连接

创建一个Explode Tree运算器和一个Random运算器。将Explode Tree运算器输出端口设置为3个。

将Random运算器Random端口与Explode Tree运算器连接，将其Range端口与Construct Domain运算器连接，将其Seed端口与Series运算器连接，将其Random端口设置为Simplify模式，如图5-93所示。

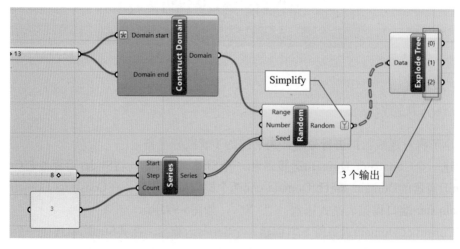

图5-93 Random运算器的连接

最后，将Random运算器的Number端口与Populate Geometry运算器Count端口的Slider运算器连接起来，如图5-94所示。

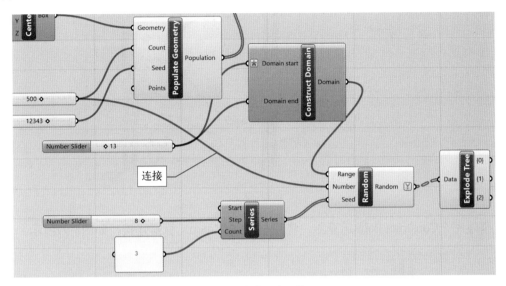

图5-94　连接两个运算器

5.4.4　标记连线中点

本小节讲解连线中点的设置方法。

创建一个Point On Curve运算器和一个Deconstruct运算器。将Point On Curve运算器一端与5.4.2小节创建的Line运算器连接，一端与Deconstruct运算器连接，如图5-95所示。

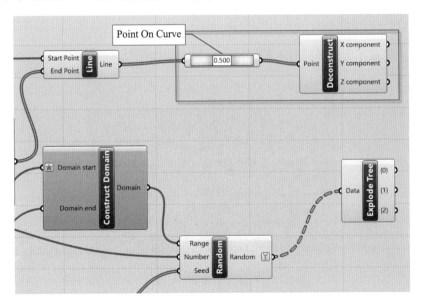

图5-95　Point On Curve运算器的连接

创建3个Addition运算器，分别与Explode Tree运算器和Deconstruct运算器连接，具体连接方法如图5-96所示。

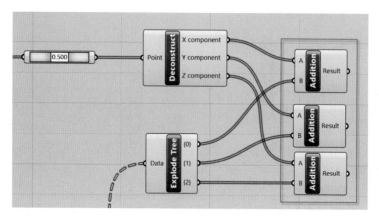

图5-96　3个加法运算器的连接

创建一个Construct Point运算器，将其与3个Addition运算器连接，如图5-97所示。

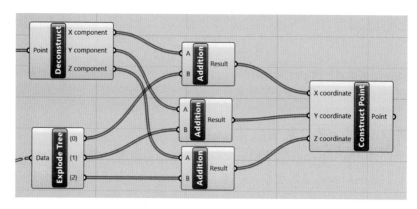

图5-97　Construct Point运算器的连接

视图中，生成了大量随机分布的标记点，如图5-98所示。

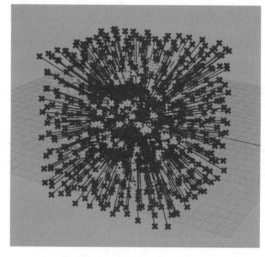

图5-98　标记连线的中点

5.4.5　生成随机线条

本小节利用前面已经生成的标记点形成随机线条。

在Line运算器附近创建3个运算器：End Points、Merge和Interpolate。将End Points运算器与Line运算器连接。

将Merge运算器的输入端口设置为4个，D1、D2和D3端口设置为Graft模式。3个运算器的连接方式如图5-99所示。

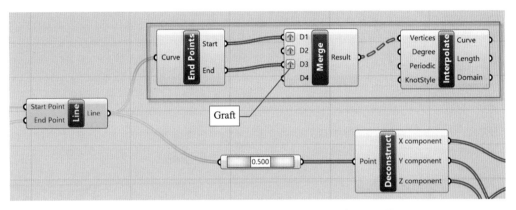

图5-99　End Points、Merge和Interpolate运算器的连接

将上述3个运算器移动到Construct Point运算器附近，将Merge运算器的D2端口与其相连接，如图5-100所示。

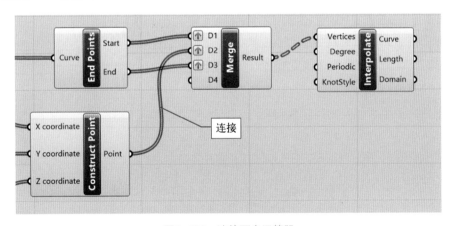

图5-100　连接两个运算器

将Construct Point、End Points和Merge运算器关闭预览，如图5-101所示。

将4个运算器Line、Populate Geometry、Construct Domain和Point On Curve关闭预览，如图5-102所示。

视图中，生成了随机分布的弧形线条，如图5-103所示。

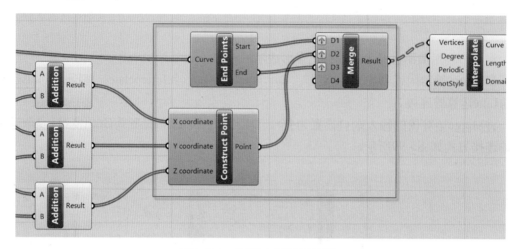

图5-101　关闭3个运算器的预览

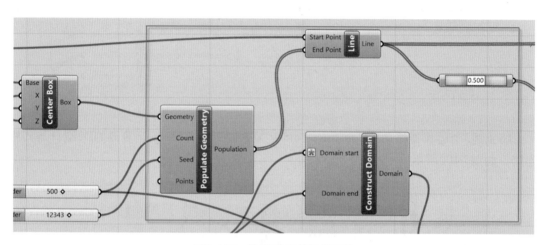

图5-102　关闭4个运算器的预览

图5-103　生成随机线条

5.4.6　生成线条厚度

上一小节，完成了鸟巢盒子最为关键的随机线条的创建。本小节来设置线条的厚度，完成全部模型的制作。

创建一个Range运算器，其Steps端口连接一个Panel运算器，输入数值为3。在其Range端口连接一个Panel运算器，将其命名为"半径位置"，显示模式设置为Multiline Data。其面板上显示的数值如图5-104所示。

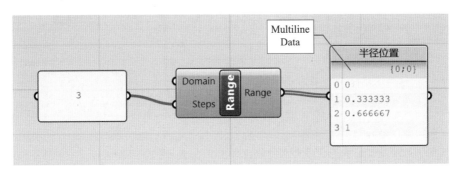

图5-104　Range运算器的设置

创建一个Pipe Variable运算器，其Parameters端口与上一步创建的"半径位置"面板连接；其Radii端口连接一个Panel运算器，命名为"半径数值"，在其面板中依次输入1.2~0.6的数值，如图5-105所示。

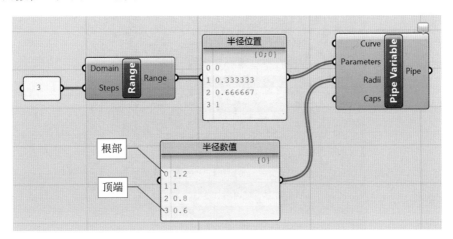

图5-105　Pipe Variable运算器的设置

"半径数值"面板中的数值可以根据需要自定义，用于控制每根圆管从根部到顶端的半径变化。

将上述几个运算器移动到Interpolate运算器附近。将Pipe Variable运算器的Curve端口设置为Reparameterize模式，将其Caps（加盖方式）端口的模式设置为Round（圆形），每根圆管的端面将被一个半球形所封闭，具体设置如图5-106所示。

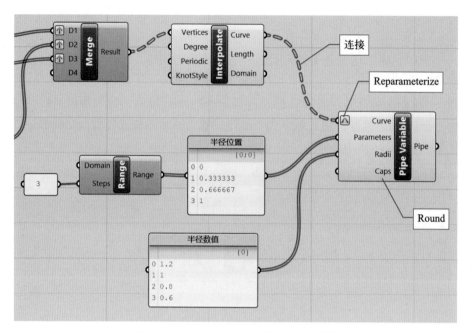

图5-106　Pipe Variable运算器的最终连接

最终，每根线条上都生成了半径渐变的圆管，如图5-107所示。

图5-107　生成渐变直径圆管

本案例到此完成。

第6章
产品外观设计

　　参数化设计对于工业设计，无异于如虎添翼，三维建模的表现能力得到了极大提升，设计师的设计思想和设计语言可以得到更好、更准确的表现。本章虽然只讲解了四个案例，但是只需要稍加调整参数，就可以变换出很多种不同的方案，大幅扩展了设计师的想象力边界，让设计工作充满乐趣和惊喜。

6.1 蜂巢吊灯

　　蜂巢吊灯是一款结构独特的灯具，其外形是一个球形，表面布满了类似蜂巢的结构，内部加上光源后可以产生奇特的光影效果。蜂巢吊灯的成品渲染图和灯光渲染图如图6-1所示。

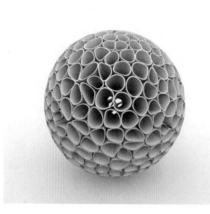

图6-1　蜂巢吊灯渲染图

蜂巢吊灯在室内空间中的应用假想图如图6-2所示。

图6-2　蜂巢吊灯应用假想图

 本案例模型源文件保存路径：资源包 > 第6章-产品外观设计 > 6.1- 蜂巢吊灯

6.1.1　多面体球面的创建

蜂巢吊灯的整体外形是一个球体，因此首先需要创建多面体球面。

创建一个Sphere运算器，在其Radius端口连接一个Slider运算器，数值设置为100，如图6-3所示。

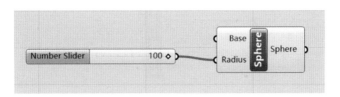

图6-3　Sphere运算器的设置

创建一个Populated Geometry运算器，将其Geometry端口与Sphere运算器连接，并在其Count端口和Seed端口分别连接一个Slider运算器，如图6-4所示。

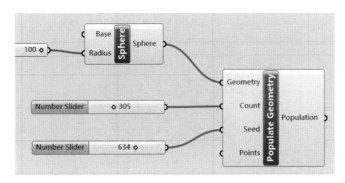

图6-4　Populated Geometry运算器的连接

视图中，生成一个半径为100的球体，其表面有随机分布的点，点的数量和分布方式由Populated Geometry运算器的Count端口和Seed端口的滑块控制，如图6-5所示。

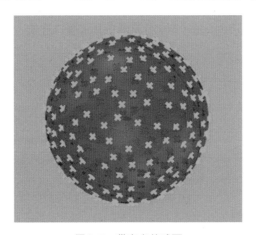

图6-5　带有点的球面

在Populated Geometry运算器附近创建一个Bounding Box运算器，将其Content端口与Sphere运算器连接，如图6-6所示。

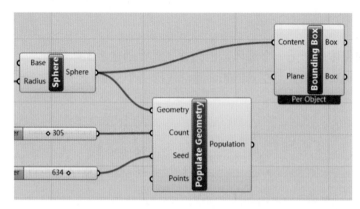

图6-6　Bounding Box运算器的连接

视图中，生成一个边界盒，将球体包围，如图6-7所示。

图6-7　生产边界盒

创建一个Facet Dome运算器，将其Points端口与Populated Geometry运算器的Population端口连接，将其Box端口与Bounding Box运算器的Box端口连接，如图6-8所示。

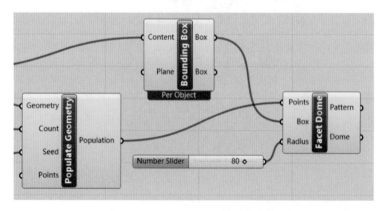

图6-8　Facet Dome运算器的连接

将Facet Dome运算器之外的运算器关闭预览，视图中保留一个线框多面体球体，如

图6-9所示。

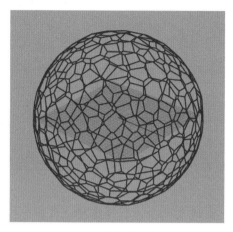

图6-9　线框多面体球

6.1.2　多边形的优化

目前，球体表面的多边形都是由直线构成的，但由于需要的形态是圆润的曲线，因此要对多边形做进一步的修改优化。

在上一小节创建的Facet Dome运算器附近创建一个Pull Curve运算器，将其Surface端口与Sphere运算器连接，将其Curve端口与Facet Dome运算器的Pattern端口连接。

再创建一个Explode运算器，将其Curve端口与Pull Curve运算器连接，如图6-10所示。

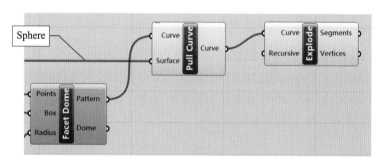

图6-10　创建两个运算器

Pull Curve运算器将构成多边形平面的线框投射到球面上，使之成为球面上的曲线。Explode运算器将多边形炸开，成为独立的曲线。

放大透视图，观察球体的局部，可以看到Pull Curve运算器的作用。经过该运算器处理的多边形线框被投射到球体表面，而Facet Dome运算器生成的多边形线框是平面的，与球面并不贴合，如图6-11所示。

创建一个Nurbs Curve运算器和一个Rebulid Curve运算器。Nurbs Curve运算器的Vertices端口与Explode运算器的Vertices端口连接，Rebulid Curve运算器的Curve端口与Nurbs Curve运算器的Curve端口连接。

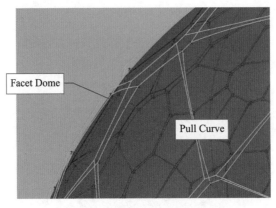

图6-11 两个运算器的对比

创建3个Slider运算器，分别与两个运算器连接，具体连接方法和数值设置如图6-12所示。

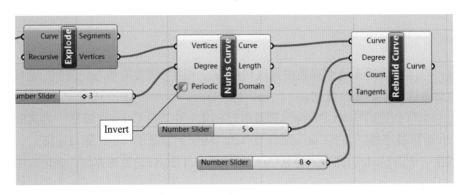

图6-12 两个运算器的设置

上述两个运算器将球面上投射的直线转换成了平滑的Nurbs曲线，并做了重建处理。其中Rebulid Curve运算器Degree端口和Count端口的滑块用于控制曲线的平滑程度。

将Rebulid Curve运算器之外的运算器全部关闭预览，可以看到曲线优化之后的效果，如图6-13所示，左图为整体，右图为局部放大。

图6-13 平滑曲线的结果

6.1.3　创建等比例曲线

上一小节，对多边形做了优化处理，本小节继续处理曲线，同时生成等比例缩小的相似曲线，为下一步生成模型的厚度做好准备。

创建一个Divide Curve运算器和一个Circle Fit运算器。将Divide Curve运算器的Curve端口与上一小节创建的Rebulid Curve运算器连接，将Circle Fit运算器与Divide Curve运算器的Points端口连接，如图6-14所示。

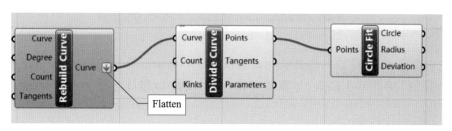

图6-14　创建两个运算器

上述两个运算器，将每条曲线做了等分处理，并生成最逼近指定点集的圆，球体表面原来的不规则形状封闭曲线被转换成了大小不等的圆，如图6-15所示。

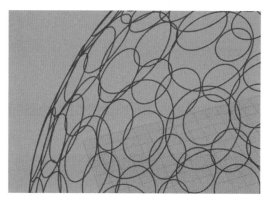

图6-15　生成逼近圆

关闭Circle Fit运算器之外所有运算器的预览。

创建一个Is Planar运算器，将其Surface端口与Circle Fit运算器的Circle端口连接，如图6-16所示。

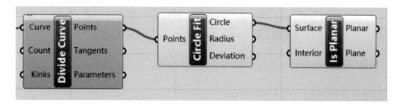

图6-16　Is Planar运算器的连接

视图中，每个逼近圆的圆心位置生成了一个网格面，如图6-17所示。

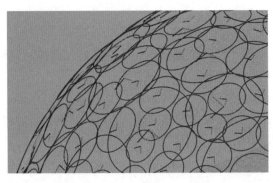

图6-17　圆心位置生成网格面

创建一个Scale运算器，将其Center端口与Is Planar运算器的Plane端口连接，将其Geometry端口与Rebulid Curve运算器连接，在其Factor端口连接一个Slider运算器，如图6-18所示。

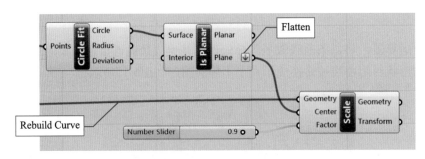

图6-18　Scale运算器的连接

视图中，生成了等比例缩小的曲线，缩小的比例由Factor端口的Slider运算器控制，如图6-19所示。

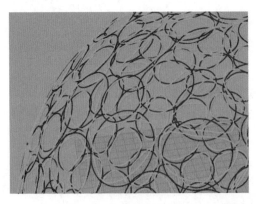

图6-19　生成等比缩小曲线

6.1.4　创建核心球面曲线

上一小节，球面上的曲线设置基本完成。本小节创建等比缩小的内部核心球面曲线，为生成灯罩的厚度做好准备。

在6.1.2小节创建的Rebulid Curve运算器右下方创建一个Divide Curve运算器，将其Curve端口与Rebulid Curve运算器连接。

创建一个Average运算器，将其与Divide Curve运算器的Points端口连接，如图6-20所示。

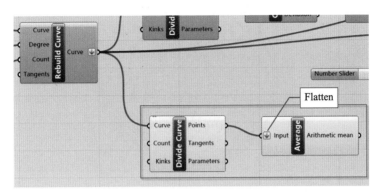

图6-20　Divide Curve和Average运算器的连接

创建一个Project运算器和一个Scale-1（重命名）运算器。Project运算器的Geometry端口与Average运算器连接，Scale-1运算器的Center端口与Project运算器的Geometry端口连接，其Factor端口连接一个Slider运算器，如图6-21所示。

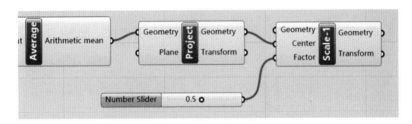

图6-21　Project和Scale-1运算器的连接

创建一个Merge运算器，将其D1端口与Rebuild Curve运算器连接，D2端口与Scale运算器连接，Result输出端口与Scale-1运算器的Geometry端口连接，如图6-22所示。

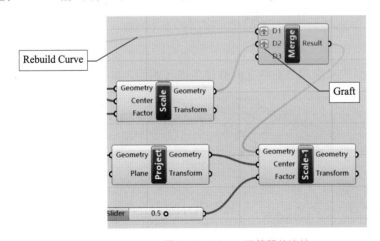

图6-22　Merge运算器的连接

关闭Scale-1和Merge之外的所有运算器的预览。视图中，在大球体上生成了一个等比例缩小的球体，其比例由Scale-1运算器Factor端口的滑块控制，如图6-23所示。

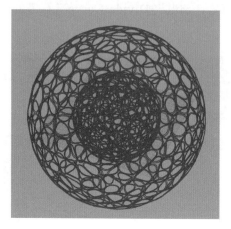

图6-23　生成等比例球体

6.1.5　放样生成实体

上一个小节，创建灯罩所需的曲线都已经制作完成，本小节将利用这些曲线放样生成灯罩的三维实体。

创建一个Loft运算器，将其Curves端口与Merge运算器连接，如图6-24所示。

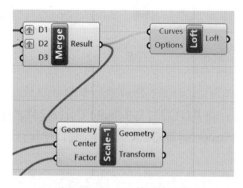

图6-24　Loft运算器的连接

视图中，大球体表面的对应两条曲线之间放样生成了曲面，如图6-25所示。

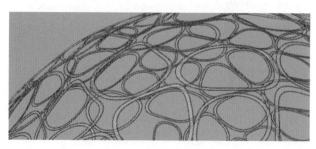

图6-25　放样生成曲面

再创建一个Loft-1（重命名）运算器，将其Curves端口与Scale-1运算器的Geometry端口连接，如图6-26所示。

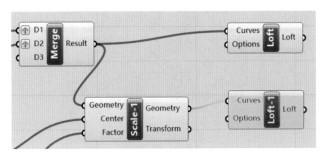

图6-26　Loft-1运算器的连接

视图中，内部小球体表面对应两条曲线之间放样生成曲面，如图6-27所示。

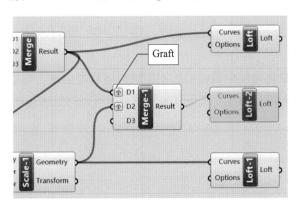

图6-27　小球体表面放样生成曲面

在Loft运算器和Loft-1运算器之间创建一个Merge-1（重命名）运算器和一个Loft-2（重命名）运算器。将Merge-1运算器的D1端口和D2端口分别与Merge运算器和Scale-1运算器连接，将Loft-2运算器的Curves端口与Merge-1运算器连接，如图6-28所示。

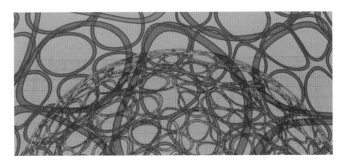

图6-28　Merge和Loft运算器的连接

视图中，两层球面对应的曲线之间生成了放样曲面，吊灯成为封闭三维实体，如图6-29所示。

创建一个Merge运算器和一个Brep Join运算器。将Merge运算器的D1、D2和D3端口分别与3个Loft运算器连接，将其Result端口与Brep Join运算器连接，如图6-30所示。

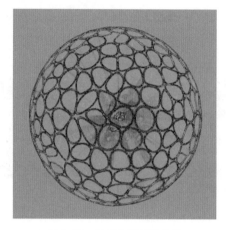

图6-29　放样生成三维实体

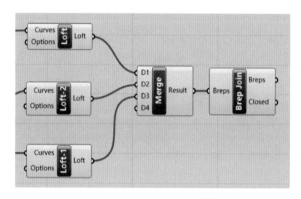

图6-30　Merge和Brep Join运算器的连接

经过上述步骤，将构成灯罩模型的所有曲面组合成一个多重曲面。本案例到此完成。

6.2　数字花瓶

数字花瓶采用参数化建模中最灵活的图形映射运算器创建，可手动编辑花瓶的侧面轮廓曲线，具有极大的编辑自由度。图6-31为几种不同形态的数字花瓶手绘风格渲染图。

图6-31　几种不同形态的数字花瓶

6.2.1 创建阵列圆

数字花瓶虽然外形变化多端，但是其核心结构都是一样的，是一系列纵向分布的圆，通过在这些圆之间放样可形成花瓶的表面。首先需要创建沿纵向阵列的圆。

创建一个Construct Point运算器和一个Line SDL运算器，将Line SDL运算器的Start端口与Construct Point运算器连接。创建一个Number Slider运算器，将其与Line SDL运算器的Length端口连接，如图6-32所示。

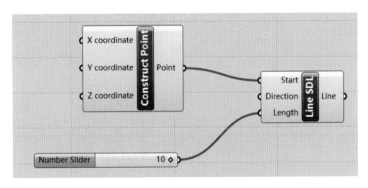

图6-32　Construct Point和Line SDL运算器的连接

视图中，原点位置生成一个点，同时生成一根从原点出发、沿Z轴方向、长度为10的直线，直线的长度由Length端口的滑块控制，如图6-33所示。

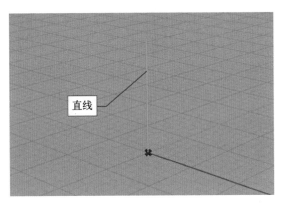

图6-33　生成直线

创建一个Divide Curve运算器，将其Curve端口与Line SDL运算器连接，在其Count端口连接一个Number Slider运算器，如图6-34所示。

视图中，直线被等分为12段，等分数量由Divide Curve运算器Count端口的滑块控制，如图6-35所示。

创建一个Circle CNR运算器，将其Center端口与Divide Curve运算器的Points端口连接，如图6-36所示。

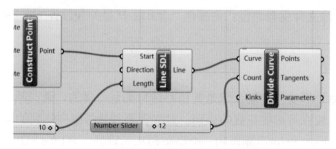

图6-34　Divide Curve运算器的连接

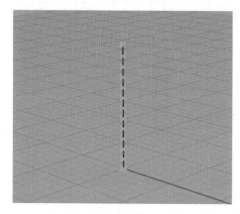

图6-35　直线被12等分

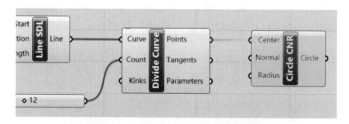

图6-36　Circle CNR运算器的连接

视图中，沿直线上的等分点生成了13个圆，如图6-37所示。

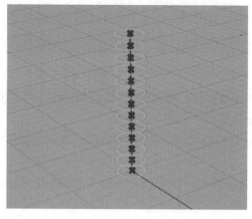

图6-37　生成直线阵列圆

6.2.2　阵列圆的形态设置

上一小节生成了沿直线阵列的一组圆，目前圆的直径还未做设置。本小节将采用图形映射运算器动态控制阵列圆的半径。

在Line SDL运算器Count端口Slider运算器下方，创建一个Range运算器。再创建一个Graph Mapper运算器，将其与Range运算器连接，如图6-38所示。

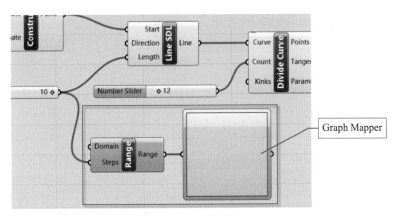

图6-38　Graph Mapper运算器的连接

创建一个Multiplication运算器，将其A端口与Graph Mapper运算器连接，将其Result端口与Circle CNR运算器的Radius端口连接，如图6-39所示。

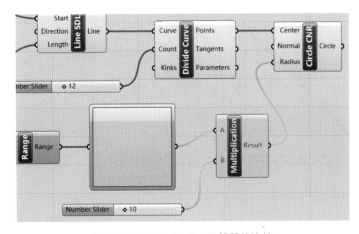

图6-39　Multiplication运算器的连接

视图中，12个圆的半径依次变化，呈现一个倒锥形，如图6-40所示。

在Graph Mapper运算器上单击右键，在弹出的快捷菜单中执行Graph types > Bezier命令，如图6-41所示。

图形编辑面板中出现默认形态的Bezier曲线，为一条45°的直线。同时，视图中系列圆的轮廓也呈现相同形态，如图6-42所示。

用鼠标编辑Bezier曲线的两个端点和手柄，可以任意改变曲线的形态，系列圆的轮廓也同步发生变形。图6-43是一种轮廓形态。

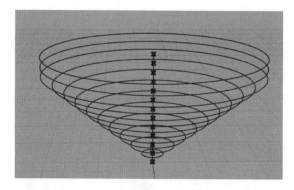

图6-40 呈现倒锥形的圆形阵列

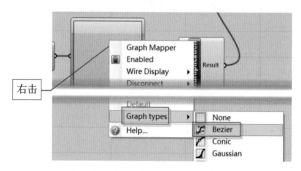

图6-41 选择图形类型

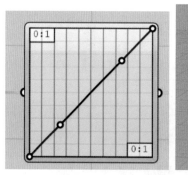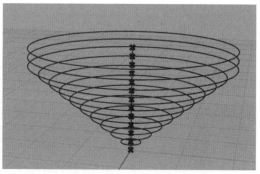

图6-42 默认的轮廓形态

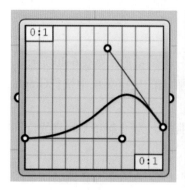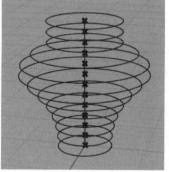

图6-43 一种轮廓形态

6.2.3　圆周等分点的创建

上一小节，完成了对阵列圆轮廓的控制。下一步的关键是编辑每个圆的圆周形状，使之成为波浪形。本小节设置每个圆的等分点。

创建一个Seam运算器和一个Multiplication-1（重命名）运算器，将Multiplication-1运算器的A端口与Graph Mapper运算器连接，为其B端口连接一个Slider运算器。

Seam运算器的Curve端口与Circle CNR运算器连接，其Seam端口与Multiplication-1运算器连接，如图6-44所示。

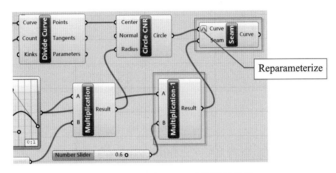

图6-44　Multiplication-1和Seam运算器的连接

创建一个Divide Curve-1（重命名）运算器和一个Dispatch运算器。将Divide Curve-1运算器的Curve端口与Seam运算器连接，为其Count端口连接一个Slider运算器。

Dispatch运算器的List端口与Divide Curve-1运算器的Points端口连接，如图6-45所示。

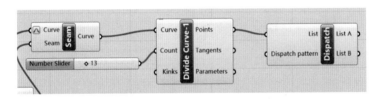

图6-45　Divide Curve和Dispatch运算器的连接

视图中，每个圆上都生成了等分点，点的数量由Divide Curve-1运算器Count端口的滑块控制。Multiplication-1运算器B端口的滑块可以控制点在圆周上的位置，如图6-46所示。

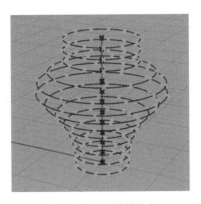

图6-46　圆上的等分点

6.2.4　等分点的编织

本小节将采用编织运算器生成波浪形等分点。

创建一个Weave运算器和一个Move运算器，将Weave运算器的0端口与Dispatch运算器的List A端口连接。

Move运算器的Geometry输入端口与Dispatch运算器的List B端口连接，将其Geometry输出端口与Weave运算器的1端口连接，如图6-47所示。

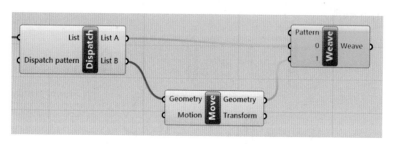

图6-47　Weave和Move运算器的连接

创建一个Vector 2Pt运算器和一个Multiplication-2（重命名）运算器。Vector 2Pt运算器的Point B端口与Divide Curve运算器的Curve端口连接。

Multiplication-2运算器的A端口与Vector 2Pt连接，其B端口连接一个Slider运算器，其Result端口与Move运算器的Motion端口连接，如图6-48所示。

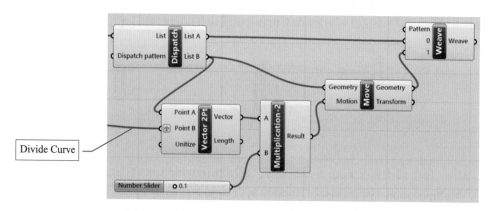

图6-48　Multiplication-2和Vector 2Pt运算器的连接

创建一个Flatten Tree运算器，将其Tree端口与Weave运算器连接，如图6-49所示。

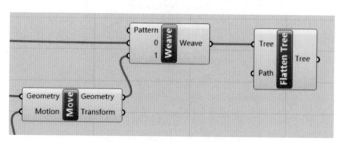

图6-49　Flatten Tree运算器的连接

通过上述步骤，在视图中生成一圈波浪形分布的点，波浪的宽度由Multiplication-2运算器B端口的滑块控制，如图6-50所示。

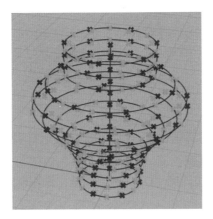

图6-50 生成波浪形分布的点

6.2.5 生成波浪曲面

上一小节，生成了波浪形分布的点，本小节将利用这些点生成曲面。

在GH工作区找到6.2.3小节创建的Divide Curve-1运算器，在其Count端口的Slider运算器（重命名为DC-1）附近创建一个Series运算器。

将Series运算器的Step端口与DC-1滑块相连接，将其Count端口与Divide Curve运算器（6.2.1节）Count端口的Slider运算器连接，如图6-51所示。

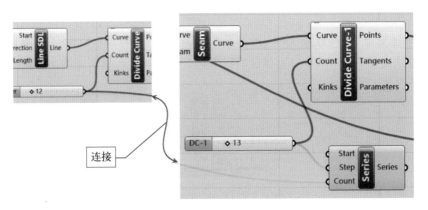

图6-51 Series运算器的设置

创建一个Series-1（重命名）运算器和一个Shift List运算器。将Series-1运算器Start端口与Series运算器连接，将其Count端口与DC-1滑块连接。

Shift List运算器与Series-1运算器连接，如图6-52所示。

创建一个Mesh Quad运算器和两个Addition运算器，将Mesh Quad运算器的Corner A端口与Series-1运算器连接，将其Corner B端口与Shift List运算器连接。

Addition运算器的A端口与Shift List运算器连接，其Result端口与Mesh Quad运算器的

Corner C端口连接。

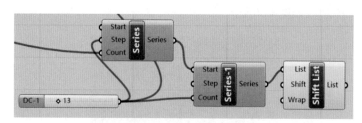

图6-52　Series-1和Shift List运算器的连接

Addition-1（重命名）运算器的A端口与Series-1运算器连接，其Result端口与Mesh Quad运算器的Corner D端口连接。

两个Addition运算器的B端口都与DC-1滑块连接，如图6-53所示。

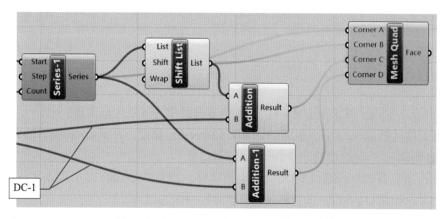

图6-53　Mesh Quad和Addition运算器的连接

在Series运算器下方创建Series-2运算器和Shift List-1运算器。Series-2运算器的Count端口与DC-1滑块连接。Shift List-1运算器的List端口与Series-2运算器连接，如图6-54所示。

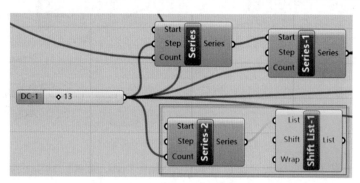

图6-54　Series和Shift List运算器的连接

创建一个List Length运算器和一个Mesh Triangle运算器。Mesh Triangle运算器的Corner A端口与Series-2运算器连接，其Corner B端口与List Length运算器连接，其Corner C端口与Shift List-1运算器连接。

List Length运算器的List输入端口与6.2.4小节创建的Flatten Tree运算器连接，如图6-55

所示。

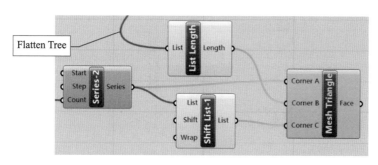

图6-55　List Length和Mesh Triangle运算器的连接

创建一个Merge运算器，将其D1端口与Mesh Quad运算器连接，将其D2端口与Mesh Triangle运算器连接，如图6-56所示。

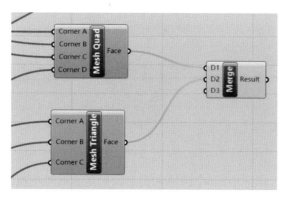

图6-56　Merge运算器的连接

在Flatten Tree运算器附近创建一个Merge-1（重命名）运算器，将其D1端口与Flatten Tree运算器连接，将其D2端口与6.2.1小节创建的Construct Point运算器连接，如图6-57所示。

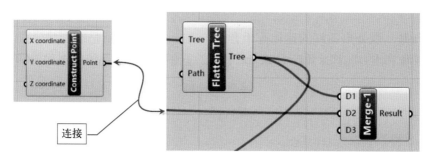

图6-57　Merge-1运算器的连接

创建一个Construct Mesh运算器，将其Vertices端口与Merge-1运算器连接，将其Faces端口与Merge运算器连接，如图6-58所示。

将Construct Mesh运算器之外的所有运算器关闭预览，采用渲染模式，花瓶模型如图6-59所示。

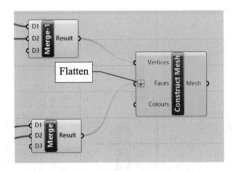

图6-58　Construct Mesh运算器的连接

图6-59　完成的花瓶模型

　　读者可以使用GH工作区中的6个滑块和图形映射运算器对花瓶的形状做精确设置，随心所欲地创建各种形状的花瓶模型。本案例到此完成。

6.3　蓝牙音箱

　　本案例是一款外形圆润的迷你蓝牙音箱，上端面带有大量呈螺旋状分布的镂空出音孔。音箱主体和出音孔都采用Grasshopper构建。蓝牙音箱的成品渲染图如图6-60所示。

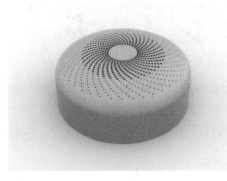
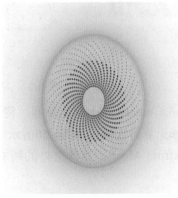

图6-60　蓝牙音箱成品渲染图

本案例模型源文件保存路径：资源包 > 第6章-产品外观设计 > 6.3-蓝牙音箱

6.3.1 创建壳体截面

本小节将创建音箱壳体的截面轮廓曲线，为两个直径相同的圆。

创建一个Merge运算器。在其D1端口连接一个Panel运算器，输入数值"0"。在其D2端口连接一个Slider运算器，如图6-61所示。

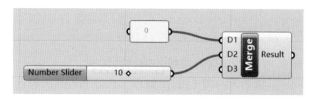

图6-61 Merge运算器的连接

创建一个Numbers to Points运算器和一个Circle运算器。将Numbers to Points运算器的Numbers端口与Merge运算器连接，将其Points端口与Circle运算器的Plane端口连接。

在Numbers to Points运算器的Mask端口连接一个Panel运算器，输入"Z"。在Circle运算器的Radius端口连接一个Slider运算器，如图6-62所示。

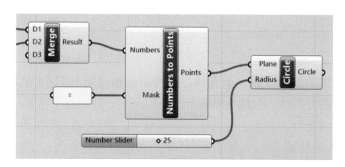

图6-62 Numbers to Points和Circle运算器的连接

视图中，生成两个直径相同的圆，Z轴方向垂直分布。其直径由Circle运算器Radius端口的滑块控制，两个圆之间的间距由Merge运算器D2端口的滑块控制，如图6-63所示。

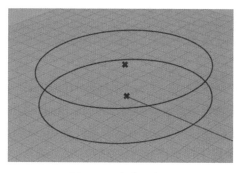

图6-63 生成两个圆

创建一个List Item运算器和一个Area运算器。将List Item运算器的List端口与Circle运算器连接，将其输出端口与Area运算器连接，如图6-64所示。

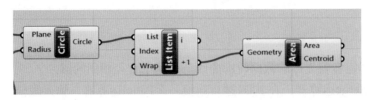

图6-64　List Item和Area运算器的连接

6.3.2　编辑截面曲线

本小节将创建音箱弧形端面的截面曲线并编辑其形状。

创建一个End Points运算器和一个Line运算器。End Points运算器与List Item运算器连接，Line运算器分别与End Points运算器和Area运算器连接，如图6-65所示。

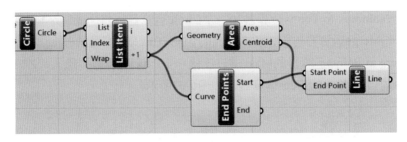

图6-65　End Points和Line运算器的连接

视图中，在上方的圆中生成一条直线，连接圆心和圆周上X轴方位的点。这条线是音箱端面的截面曲线的投影线，如图6-66所示。

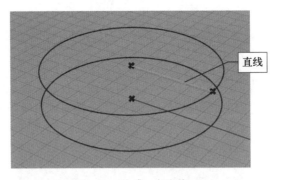

图6-66　生成一条直线

创建3个运算器：Evaluate Length、Graph Mapper和Range。将Evaluate Length运算器与Line运算器连接，Graph Mapper运算器分别与Evaluate Length和Range运算器连接。

Range运算器的Steps端口连接一个Slider运算器，如图6-67所示。

视图中，截面直线上生成了10个控制点，如图6-68所示。

在Graph Mapper运算器中，将曲线类型设置为Bezier，通过调节曲线的形态，可以改变控制点在曲线上的分布，如图6-69所示。

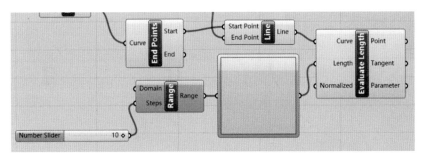

图6-67　Evaluate Length、Graph Mapper和Range运算器的连接

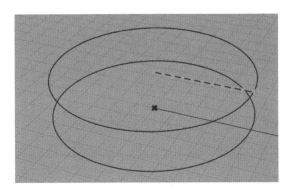

图6-68　生成10等分点

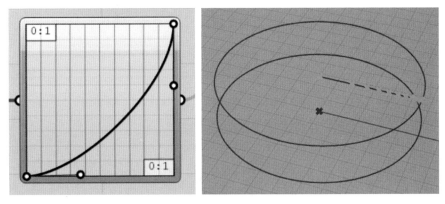

图6-69　调节控制点的分布

创建Move、Unit Z、Remap Numbers和Graph Mapper运算器各一个。Move运算器分别与Evaluate Length和Unit Z运算器连接，Remap Numbers运算器分别与Unit Z和Graph Mapper运算器连接，Remap Numbers运算器的Target端口连接一个Slider运算器，如图6-70所示。

创建一个Nurbs Curve运算器，将其Vertices端口与Move运算器的Geometry端口连接，如图6-71所示。

视图中，生成一条曲线，这是端面的截面曲线。将下方的Graph Mapper运算器的曲线类型设置为Bezier，调节曲线的形态可以改变曲线的形态。Remap Numbers运算器Target端口的滑块可以控制截面曲线的高度，如图6-72所示。

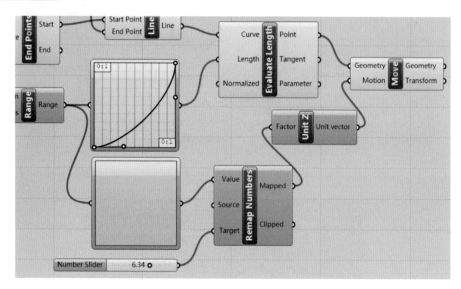

图6-70　Remap Numbers等4个运算器的连接

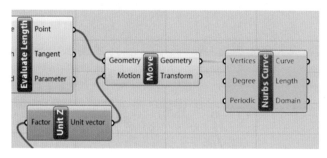

图6-71　Nurbs Curve运算器的连接

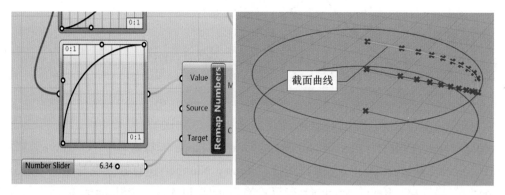

截面曲线

图6-72　端面截面曲线

6.3.3　生成端面

上一小节完成了端面截面曲线的创建和编辑。本小节将采用旋转放样运算器生成端面曲面。

在上一小节创建的Area运算器右侧创建一个Line SDL运算器，将其Start端口与Area运算器连接，并在其Direction端口连接一个Unit Z运算器，如图6-73所示。

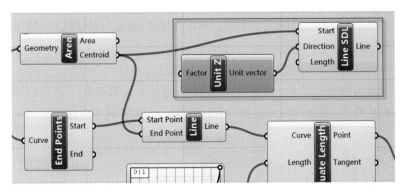

图6-73　Line SDL运算器的连接

　　将上一步创建的Line SDL运算器和Unit Z运算器移动到Nurbs Curve运算器上方。创建一个Revolution运算器，将其Curve端口与Nurbs Curve运算器连接，将其Axis端口与Line SDL运算器连接，如图6-74所示。

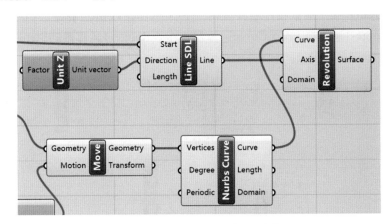

图6-74　Revolution运算器的连接

　　视图中，通过旋转放样生成了弧形的端面曲面，如图6-75所示。

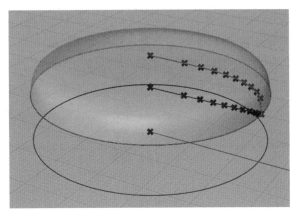

图6-75　生成端面曲面

6.3.4　生成螺旋分布点

上一小节完成了蓝牙音箱端面的创建，本小节将在端面上创建螺旋分布的点，为后面生成圆孔做好准备。

将Revolution运算器之外的所有运算器关闭预览。

创建一个Rebuild Surface（需安装LunchBox插件）运算器和一个Iso Curve运算器。Rebuild Surface运算器与Revolution运算器和Iso Curve运算器顺序连接，如图6-76所示。

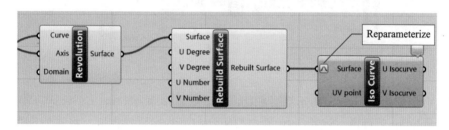

图6-76　Rebuild Surface和Iso Curve运算器的连接

创建一个Range-1（重命名）运算器和一个Construct Point运算器。Construct Point运算器分别与Range-1运算器和Iso Curve运算器连接。Range-1运算器的Steps端口连接一个Slider运算器，如图6-77所示。

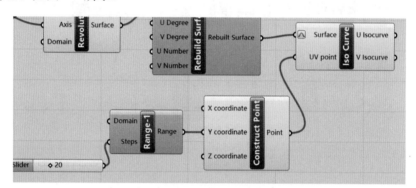

图6-77　Range和Construct Point运算器的连接

创建一个Construct Domain运算器，将其与Range-1运算器连接，并在其Domain start端口和Domain end端口分别连接一个Slider运算器，如图6-78所示。

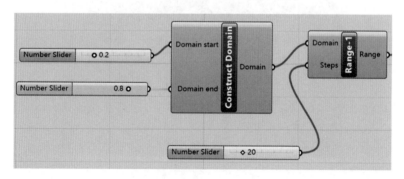

图6-78　Construct Domain运算器的连接

　　关闭Rebuild Surface运算器的预览。视图中，弧形端面上生成了若干同心圆，同心圆数量由Range-1运算器Steps端口的滑块控制，同心圆的分布范围由Construct Domain运算器的两个滑块控制，如图6-79所示。

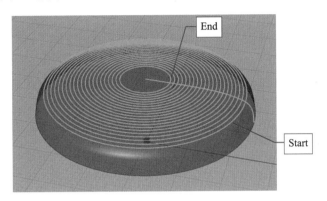

图6-79　生成若干同心圆

　　创建一个Seam运算器和一个Range-2（重命名）运算器，将Seam运算器同时与Iso Curve运算器和Range-2运算器连接。Range-2运算器的Domain端口连接一个Slider运算器，其Steps端口与Range-1的Slider运算器连接，如图6-80所示。

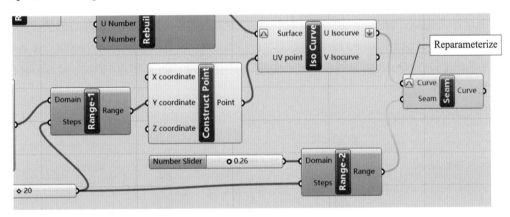

图6-80　Seam和Range-2运算器的连接

　　创建一个Divide Curve运算器，将其Curve端口与Seam运算器连接，在其Count端口连接一个Slider运算器，如图6-81所示。

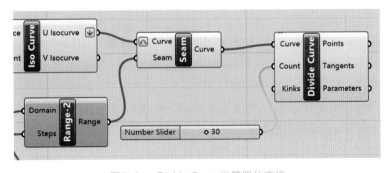

图6-81　Divide Curve运算器的连接

视图中，同心圆上生成若干等分点，总体呈螺旋状分布。等分点的数量由Divide Curve运算器Count端口的滑块控制，如图6-82所示。

图6-82　生成螺旋状分布等分点

6.3.5　生成螺旋分布圆

上一小节生成了螺旋分布的点，本小节将利用这些点，生成以点为圆心的圆。

创建一个Surface Closest Point运算器和一个Surface运算器，将Surface Closest Point运算器分别与Divide Curve运算器和Surface运算器连接。Surface运算器与Rebuild Surface运算器连接，如图6-83所示。

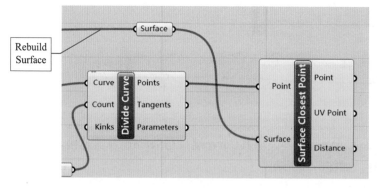

图6-83　Surface Closest Point和Surface运算器的连接

创建一个Evaluate Surface运算器和一个Flip Matrix运算器。将Evaluate Surface运算器同时与Surface运算器和Surface Closest Point运算器连接，Flip Matrix运算器与Evaluate Surface运算器连接，如图6-84所示。

视图中，以每个点为中心点，生成了网格面，如图6-85所示。

创建一个Tree Statistics运算器和一个List Item运算器。Tree Statistics运算器分别与Flip Matrix运算器和Sub List运算器连接，如图6-86所示。

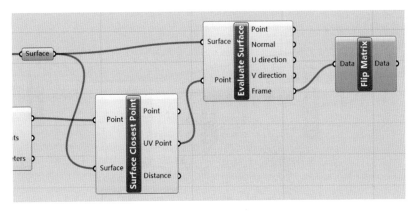

图6-84　Evaluate Surface和Flip Matrix运算器的连接

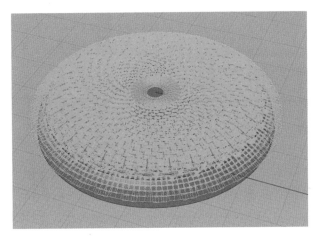

图6-85　生成网格面

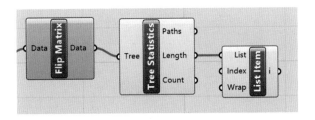

图6-86　Tree Statistics和List Item运算器的连接

　　创建一个Multiplication运算器和一个Sub List运算器。Multiplication运算器分别与List Item运算器和Sub List运算器连接，其B端口连接一个Slider运算器。Sub List运算器的List端口与Flip Matrix运算器连接，如图6-87所示。

　　创建一个Cull Index运算器和两个Circle运算器，将Cull Index运算器同时与Sub List运算器和Flip Matrix运算器连接，两个Circle运算器分别与Cull Index运算器和Sub List运算器连接，如图6-88所示。

　　将Cull Index和Sub List运算器关闭预览。在视图中，以螺旋形点为圆心生成了圆，如图6-89所示。

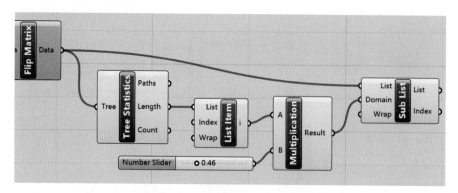

图6-87　Multiplication和Sub List运算器的连接

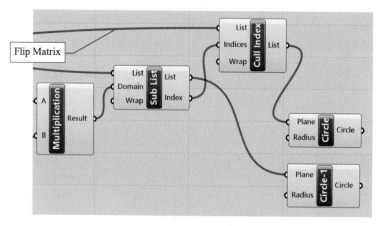

图6-88　Cull Index和Circle运算器的连接

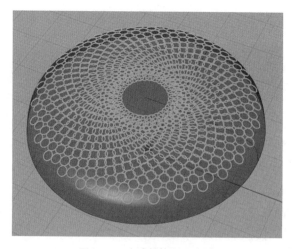

图6-89　生成螺旋形分布圆

6.3.6　生成镂空端面

上一小节，生成了端面上的螺旋分布圆，本小节将利用这些圆生成带有圆孔的端面。
在Flip Matrix运算器下方创建一个List Item-1（重命名）运算器和一个Distance运算

器。为List Item-1运算器增加一个端口，并与Distance运算器连接，如图6-90所示。

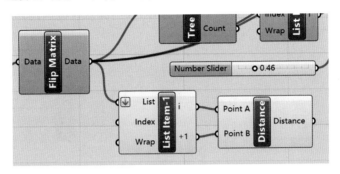

图6-90　List Item和Distance运算器的连接

创建两个Division运算器。Division运算器分别与Distance、Division-1（重命名）和Circle运算器连接，其B端口连接一个Slider运算器。Division-1运算器分别与Division和Circle-1运算器连接，其B端口连接一个Panel面板，输入数值"2"，如图6-91所示。

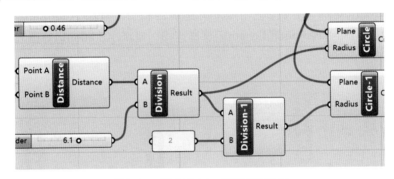

图6-91　两个Division运算器的设置

视图中，端面上的圆设置成了两种不同的直径，其整体直径的比例由Division运算器B端口的滑块控制，小圆和大圆的比例由Division-1运算器B端口的面板控制，两种圆的分布比例由Multiplication运算器B端口的滑块控制，如图6-92所示。

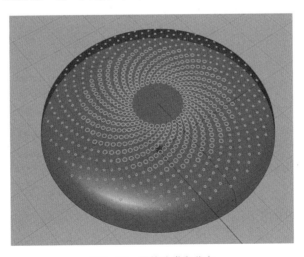

图6-92　圆的分类和分布

创建一个Merge运算器和一个Surface Split运算器，将两个Circle运算器同时与Merge运算器连接。Surface Split运算器的Curves端口与Merge运算器连接，其Surface端口与6.3.5小节创建的Surface运算器连接，如图6-93所示。

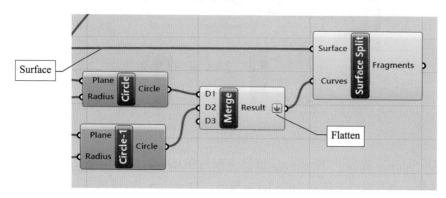

图6-93　Merge和Surface Split运算器的连接

创建一个Brep Edges运算器、一个Length运算器和一个Mass Addition运算器。将Brep Edges运算器分别与Surface Split和Length运算器连接，Mass Addition运算器与Length运算器连接，如图6-94所示。

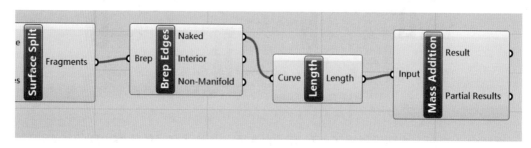

图6-94　Brep Edges、Length和Mass Addition运算器的连接

创建一个Sort List运算器和一个List Item-2（重命名）运算器。将Sort List运算器与Mass Addition运算器和List Item-2运算器连接，如图6-95所示。

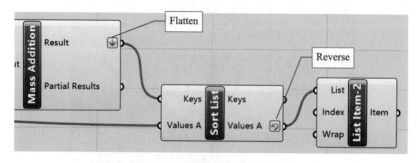

图6-95　Sort List和List Item-2运算器的连接

将List Item-2之外的所有运算器关闭预览。视图中，端盖上的所有圆孔成为镂空效果，如图6-96所示。

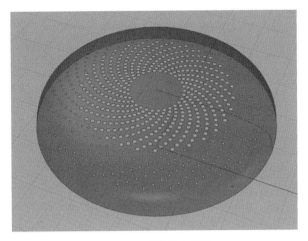

图6-96　端盖镂空效果

6.3.7　生成侧面和底面

上一小节，完成了镂空端面的建模。本小节将创建音箱的侧面和底面，使之成为封闭三维实体。

在6.3.1小节创建的Circle运算器附近创建一个Loft运算器和一个Boundary Surfaces运算器。将Loft运算器与Circle运算器连接。将Boundary Surfaces运算器与List Item运算器连接，如图6-97所示。

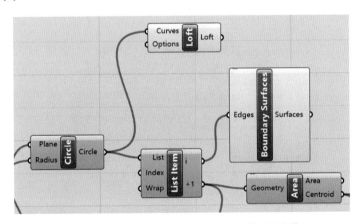

图6-97　Loft和Boundary Surfaces运算器的连接

创建两个Surface运算器，分别与Loft运算器和Boundary Surfaces运算器连接，如图6-98所示。

将上述两个Surface运算器移动到GH工作区最右侧List Item-2运算器上方。创建一个Brep Join运算器，将其输入端口与两个Surface运算器和List Item-2运算器同时连接，如图6-99所示。

将Brep Join运算器之外的所有运算器关闭预览，视图中，生成音箱外壳三维实体，如图6-100所示。

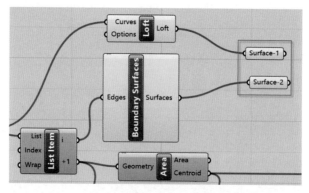

图6-98　两个Surface运算器的连接

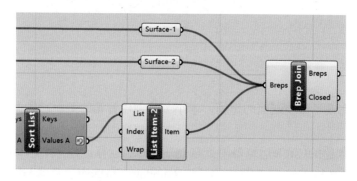

图6-99　Brep Join运算器的连接

图6-100　音箱三维实体

6.3.8　生成壳体厚度

上一小节，完成了音箱外壳的建模，本小节将生成壳体的厚度。

创建一个Evaluate Box运算器和一个Sale NU运算器。将Evaluate Box运算器与Brep Join和Scale NU运算器连接。Sale NU运算器的Scale X和Scale Y端口同时与一个Slider运算器连接，Scale Z端口连接一个Slider运算器，如图6-101所示。

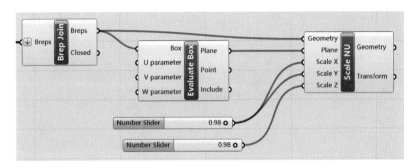

图6-101　Evaluate Box和Sale NU运算器的连接

上述两个运算器可以在外壳内部生成一个稍小于外壳的模型，Sale NU运算器三个端口的滑块用于控制内部壳体三个维度的缩小比例。

创建两个Brep Edges运算器，分别与Brep Join和Scale NU运算器连接，如图6-102所示。

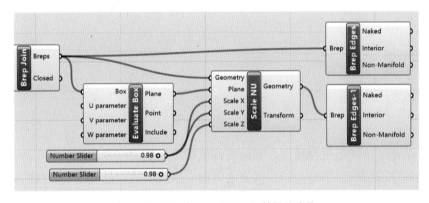

图6-102　两个Brep Edges运算器的连接

创建一个Ruled Surface运算器和一个Brep Join运算器。将Ruled Surface运算器同时与两个Brep Edges运算器连接，Brep Join运算器同时与Ruled Surface运算器和图6-99中的Brep Join运算器连接，如图6-103所示。

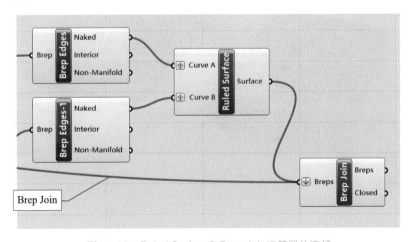

图6-103　Ruled Surface和Brep Join运算器的连接

视图中，内外两层壳体之间生成了厚度。图6-104为出音孔局部放大图，可以看到孔的内部边缘带有厚度。

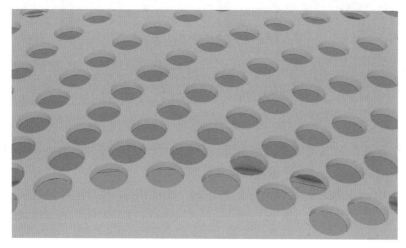

图6-104 孔的内边缘带有厚度

本案例到此完成。

6.4 水波纹手机壳

这是一款创意智能手机壳模型。其最具特色的部分是，以背面的摄像头开孔为中心，有一圈圈类似水波纹的浮雕造型。手机壳的外形、水波纹的凹凸高度、波纹的宽度和形式都可以通过参数任意设置。水波纹手机壳的成品三维渲染图如图6-105所示。

图6-105 水波纹手机壳成品渲染图

本案例模型源文件保存路径：资源包 > 第6章-产品外观设计 > 6.4-水波纹手机壳

6.4.1　创建手机壳轮廓线

这款手机壳为智能手机外壳，其外形是四个角带有圆角的矩形。首先需要创建圆角矩形。

在GH工作区创建一个Rectangle运算器和一个XY Plane运算器。将Rectangle运算器的Plane端口与XY Plane运算器连接。再创建两个Slider运算器，分别与Rectangle运算器的X Size和Y Size端口连接，如图6-106所示。

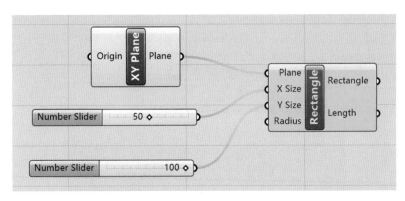

图6-106　Rectangle和XY Plane运算器的连接

视图中，在XY坐标平面上生成了一个矩形。其左下角位于坐标原点，其长度和宽度由Rectangle运算器的两个滑块控制，如图6-107所示。

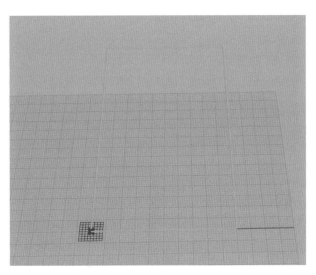

图6-107　生成矩形

创建一个Division运算器，将其与Rectangle运算器的Y Size端口的Slider运算器和Radius端口连接起来。再创建一个Slider运算器，与其B端口连接，如图6-108所示。

视图中，矩形的四个角生成了圆角，圆角的半径为矩形长边的1/10，如图6-109所示。

创建一个Move运算器和一个Unit Z运算器。将Move运算器的Geometry端口与Rectangle运算器连接，将其Motion端口与Unit Z运算器连接。再创建一个Slider运算器，与

Unit Z运算器的Factor端口连接，如图6-110所示。

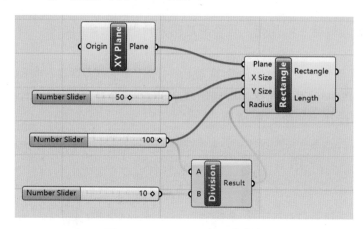

图6-108　Division运算器的连接

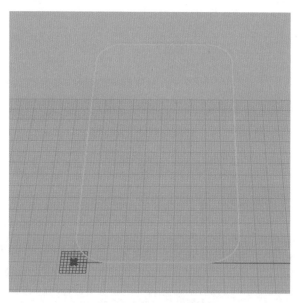

图6-109　生成圆角矩形

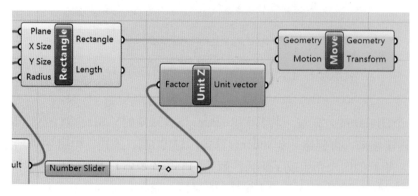

图6-110　Move和Unit Z运算器的连接

视图中，复制了一个圆角矩形，并沿Z轴正方向移动了一段距离。移动距离由Unit Z运算器Factor端口的滑块控制，如图6-111所示。

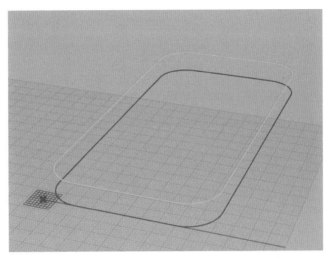

图6-111 复制圆角矩形

创建一个Explode运算器和一个List Item运算器。将Explode运算器与Rectangle运算器连接，List Item运算器的List端口与Explode运算器连接。List Item运算器的Index端口连接一个Slider运算器，如图6-112所示。

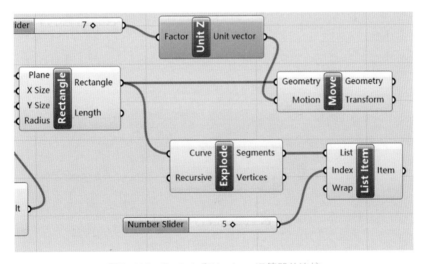

图6-112 Explode和List Item运算器的连接

当List Item运算器Index端口的滑块设置为5的时候，圆角矩形左上角的圆弧处于选中状态，如图6-113所示。

创建一个Circle运算器，将其与List Item运算器连接，在其Radius端口连接一个Slider运算器，如图6-114所示。

视图中，圆角矩形的左上角生成一个圆，其圆心与外侧的圆角相同。其半径由Circle运算器Radius端口的滑块控制。这个圆就是手机后置摄像头的开孔轮廓，如图6-115所示。

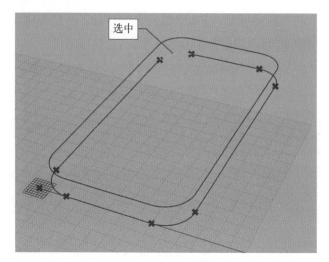

图6-113　左上角圆弧被选中

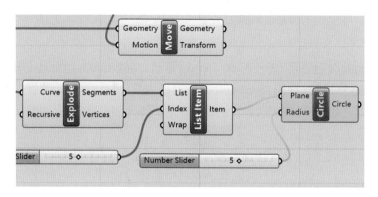

图6-114　Circle运算器的连接

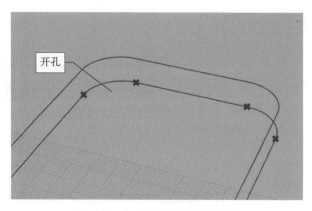

图6-115　生成后置摄像头开孔轮廓

6.4.2　生成同心圆阵列

上一小节，完成了手机壳轮廓曲线的创建。本小节将创建摄像头开孔周围的同心圆阵列，为后面创建水波纹浮雕做准备。

创建一个Offset Curve运算器，将其与Circle运算器连接。视图中，在开孔的外侧生成一个同心圆，如图6-116所示。

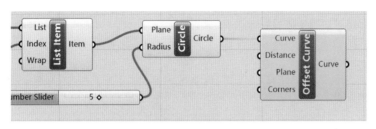

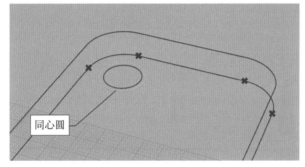

图6-116　生成同心圆

在Offset Curve运算器下方创建一个Graph Mapper运算器和一个Range运算器，将二者连接起来。在Range运算器的Steps端口连接一个Slider运算器，将Graph Mapper运算器的曲线类型设置为Beizer，如图6-117所示。

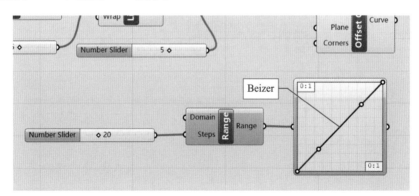

图6-117　Graph Mapper和Range运算器的连接

创建一个Remap Numbers运算器和一个Construct Domain运算器。将Remap Numbers运算器与Graph Mapper运算器和Construct Domain运算器同时连接。Construct Domain运算器的两个端口各连接一个Slider运算器，如图6-118所示。

将Remap Numbers运算器的Mapped端口与Offset Curve运算器的Distance端口连接起来，如图6-119所示。

视图中，生成了同心圆阵列。同心圆的数量由Range运算器的滑块控制。同心圆的最小半径和最大半径由Construct Domain运算器的两个滑块控制，如图6-120所示。

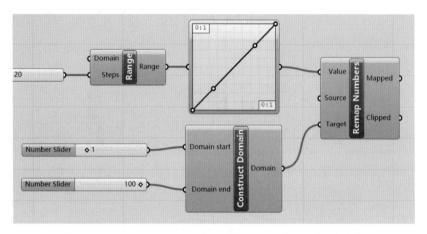

图6-118　Remap Numbers和Construct Domain运算器的连接

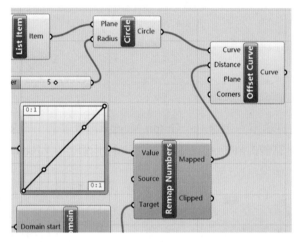

图6-119　Remap Numbers运算器的连接

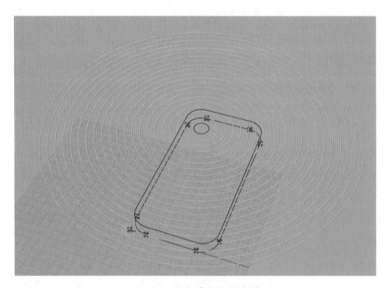

图6-120　生成同心圆阵列

现在，可以通过编辑Graph Mapper运算器面板中的曲线，来改变同心圆阵列的形态。如果是默认的45°斜线，则所有同心圆之间是等距离的。如果将曲线编辑成如图6-121所示的形态，则同心圆的半径将呈现逐渐放大的形态，和涟漪非常相似。

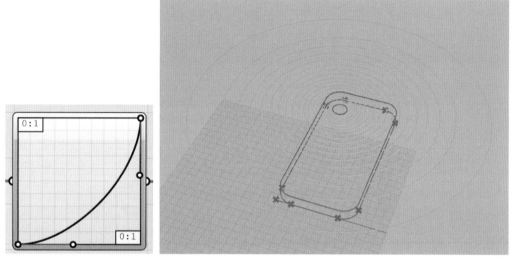

图6-121　涟漪状的同心圆阵列

6.4.3　创建波浪线

上一小节，创建了涟漪状的同心圆阵列。本小节将创建连接同心圆的波浪线，为生成水波纹曲面做好准备。

创建一个End Points运算器和一个PolyLine运算器。将End Points运算器与Offset Curve运算器和PolyLine运算器首尾相连，如图6-122所示。

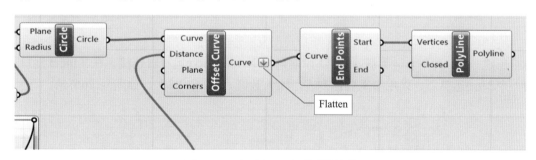

图6-122　End Points运算器的连接

视图中，同心圆上相同位置生成一列顶点，顶点之间生成一条连线，如图6-123所示。

创建一个Explode运算器和一个Divide Curve运算器，将Explode运算器与PolyLine运算器和Divide Curve运算器首尾相连。在Divide Curve运算器的Count端口连接一个Slider运算器，如图6-124所示。

视图中，相邻两个同心圆之间的线段被等分成三段。等分的数量由Divide Curve运算器Count端口的滑块控制，如图6-125所示。

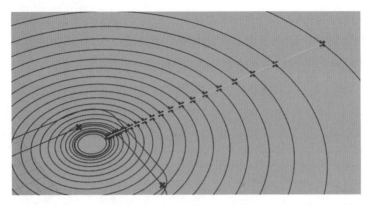

图6-123　生成同心圆顶点连线

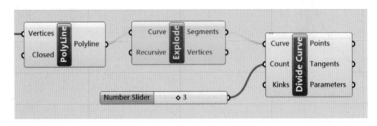

图6-124　Explode和Divide Curve运算器的连接

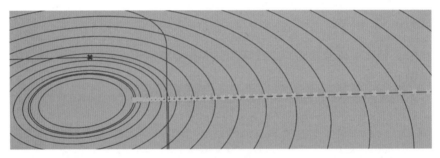

图6-125　三等分线段

　　创建一个List Item运算器，将其List端口与Divide Curve运算器连接。在其Index端口连接一个Panel运算器，采用多重数据列表，输入数值"1"和"2"，如图6-126所示。

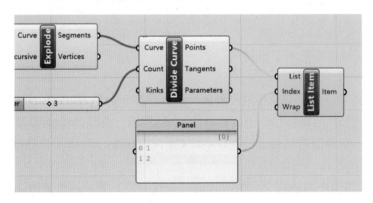

图6-126　List Item和Panel运算器的连接

经过上述运算器的处理，视图中，线段上的等分点只有中间两个点会被选中，两端的点不会被选中，如图6-127所示。

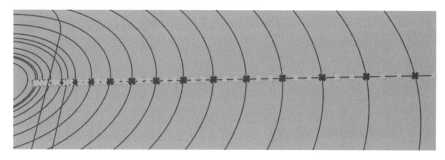

图6-127　选中中间两个等分点

创建一个Move运算器和一个Reverse运算器。将Move运算器的输入端与List Item运算器和Reverse运算器同时连接。在Reverse运算器输入端连接一个Unit Z运算器，如图6-128所示。

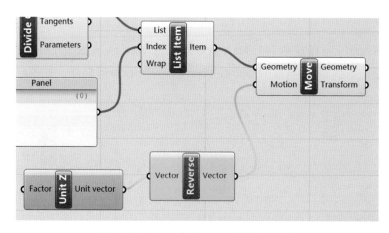

图6-128　Move和Reverse运算器的连接

视图中，生成一列向下偏移的等分点，如图6-129所示。

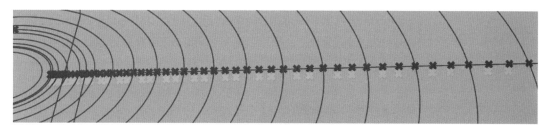

图6-129　生成向下偏移的点

创建一个Length运算器和一个Multiplication运算器。将Length运算器与Explode运算器和Multiplication运算器首尾相连。在Multiplication运算器B端口连接一个Slider运算器，如图6-130所示。

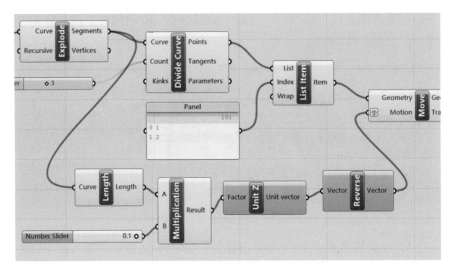

图6-130　Length和Multiplication运算器的连接

上述两个运算器用于控制等分点的偏移距离，通过Multiplication运算器B端口的滑块进行控制。

创建一个Average运算器和一个Scale运算器。将Average运算器和Move运算器、Scale运算器首尾相连。在Scale运算器的Factor端口连接一个Slider运算器，如图6-131所示。

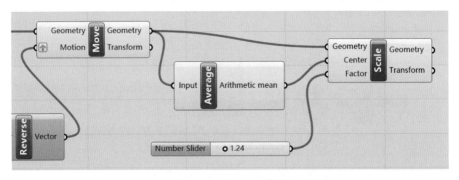

图6-131　Average和Scale运算器的连接

创建一个Replace Members运算器和一个Nurbs Curve运算器。将Replace Members运算器的3个端口分别与Divide Curve运算器、List Item运算器和Scale运算器连接，输出端口与Nurbs Curve运算器连接，如图6-132所示。

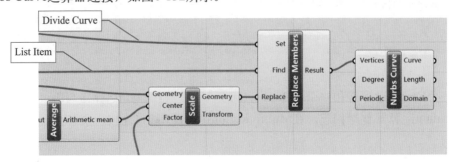

图6-132　Replace Members和Nurbs Curve运算器的连接

将本节创建的，从End Points运算器开始到Replace Members运算器全部关闭预览。视图中，只显示一条波浪线曲线，这就是水波纹曲面的截面曲线，如图6-133所示。

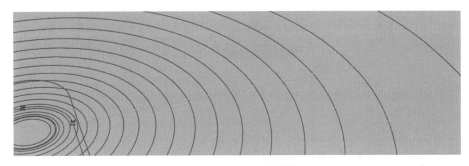

图6-133   生成波浪曲线

6.4.4   创建水波纹曲面

到上一个小节，完成了创建水波纹曲面所需要的截面曲线和路径，本节将使用它们创建水波纹曲面。

在6.4.2小节创建的Offset Curve运算器下方，创建一个Shift List运算器和一个Shortest List运算器。将Shift List运算器的输入端口分别与Offset Curve运算器和Shortest List运算器连接。Shortest List运算器与Offset Curve运算器和Shift List运算器首尾相连，如图6-134所示。

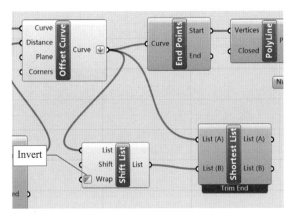

图6-134   Shift List和Shortest List运算器的连接

创建一个Sweep2运算器，将其Rail 1端口和Rail 2端口分别与Shortest List运算器的List (A)和List(B)端口连接。再将Sweep2运算器移动到6.4.3小节创建的Nurbs Curve运算器附近，将Nurbs Curve运算器的Curve端口与Sweep2运算器的Sections端口连接，如图6-135所示。

视图中，通过扫掠生成了水波纹曲面，如图6-136所示。

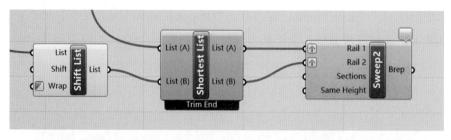

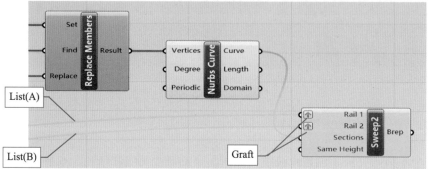

图6-135　Sweep2运算器的连接

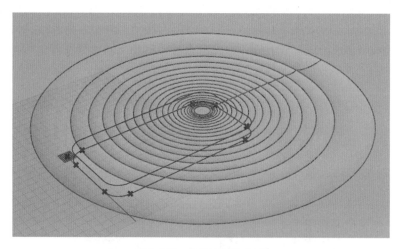

图6-136　生成水波纹曲面

6.4.5　修剪曲面

上一小节，创建完成了水波纹曲面，但目前还是圆形的。本小节将使用手机壳的轮廓曲线修剪这个曲面。

在6.4.1小节创建的Move运算器附近，创建一个Extrude运算器。将其Direction端口与Unit Z运算器连接，将其Base端口与Move运算器的Geometry端口连接。在Direction端口的表达式中输入"-x*2"，如图6-137所示。

视图中，手机壳轮廓曲线沿Z轴两个方向同时挤压，形成侧面轮廓曲面，如图6-138所示。

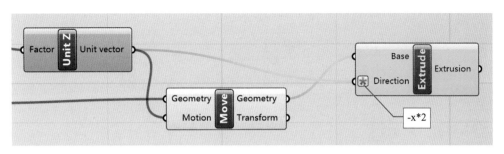

图6-137　Extrude运算器的连接

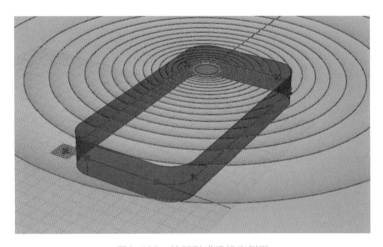

图6-138　挤压形成手机壳侧面

创建一个Brep Join运算器和一个Split Brep运算器。将Brep Join运算器与Sweep2和Split Brep运算器首尾连接，Split Brep运算器的Cutter端口与Extrude运算器连接，如图6-139所示。

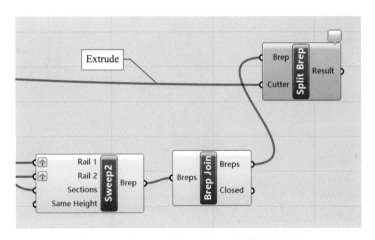

图6-139　Brep Join和Split Brep运算器的连接

创建一个List Item运算器，将其List端口与Split Brep运算器连接，在其Index端口连接一个Slider运算器。将Split Brep、Sweep2和Brep Join这3个运算器关闭预览。视图中，只保留轮廓曲线内部的水波纹曲面，如图6-140所示。

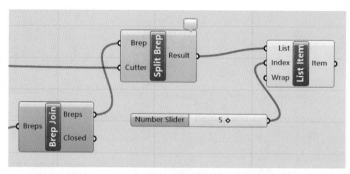

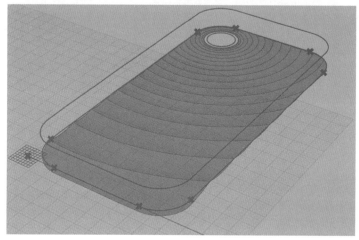

图6-140　水波纹曲面的裁切

　　创建一个Move运算器。将其Geometry端口与List Item运算器连接，在其Motion端口连接一个Unit Z运算器。再创建一个Slider运算器，与Unit Z运算器连接，如图6-141所示。

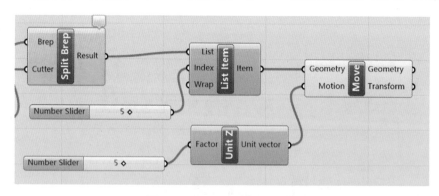

图6-141　Move运算器的连接

　　上述步骤将手机壳沿Z轴正方形移动了一段距离，移动的幅度由Unit Z运算器的滑块控制。

　　将6.4.1小节创建的Rectangle和Circle等运算器关闭预览，视图中只显示手机壳背面的水波纹曲面，如图6-142所示。

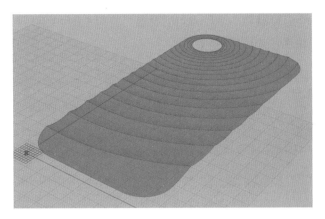

图6-142　手机壳背面

6.4.6　创建侧面轮廓

上一小节，完成了难度最大的背面曲面的创建。本小节将创建手机壳的侧面轮廓曲面。

在上一小节创建的最后一个Move运算器右侧，创建一个Brep Edges运算器和一个Join Curves运算器。将Brep Edges运算器与另两个运算器首尾相连，如图6-143所示。

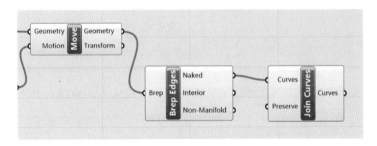

图6-143　Brep Edges和Join Curves运算器的连接

选中Join Curves运算器时，只有背部曲面的内、外轮廓曲线处于选中状态，如图6-144所示。

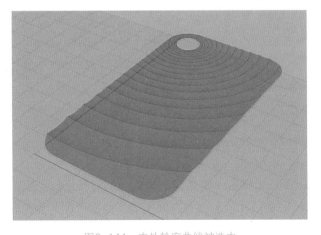

图6-144　内外轮廓曲线被选中

创建一个List Item运算器和一个Project运算器。将List Item运算器与Join Curves运算器和Project运算器首尾相连，如图6-145所示。

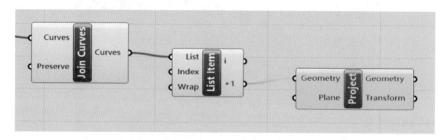

图6-145　List Item和Project运算器的连接

特别提示

　　GH中有两个Project运算器，一个是实体投影、一个是投影曲线。本例中使用的是实体投影运算器，如图6-146所示。

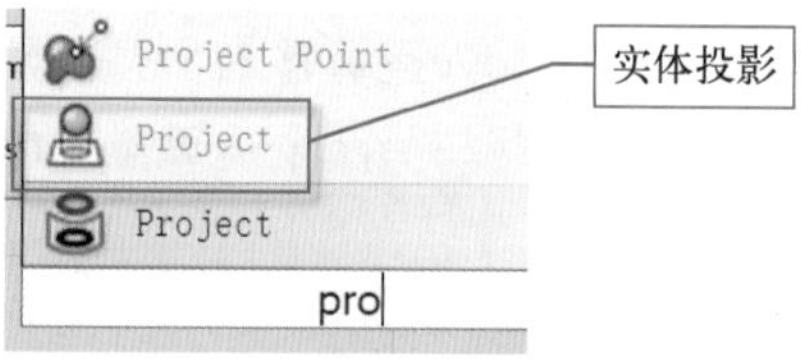

图6-146　实体投影运算器

视图中，背面轮廓曲线被投射到XY坐标平面上，成为平面曲线，如图6-147所示。

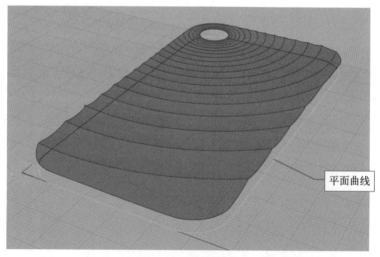

图6-147　投影曲线

创建一个Ruled Surface运算器，将其两个端口分别与Project运算器和List Item运算器连接。视图中，在背面轮廓曲线和投影曲线之间生成了曲面，即为侧面轮廓曲面，如图6-148所示。

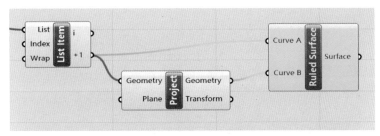

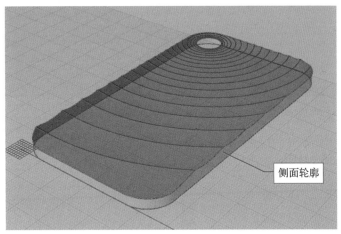

图6-148　生成侧面轮廓曲面

6.4.7　创建内部轮廓

上一小节，创建了手机壳的侧面轮廓，手机壳的外部轮廓曲面全部完成。本小节创建手机壳的内部曲面，使之产生厚度，成为三维实体模型。

创建一个Offset Curve运算器和一个Negative运算器。将Offset Curve运算器输入端口分别与Project运算器和Negative运算器连接。在Negative运算器Value端口连接一个Slider运算器，如图6-149所示。

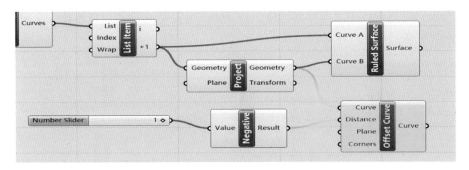

图6-149　Offset Curve和Negative运算器的连接

视图中，手机壳侧面轮廓向内部偏移，并生成一个面，这个面就是手机壳的厚度。厚度（偏移量）由Negative运算器Value端口的滑块控制，如图6-150所示。

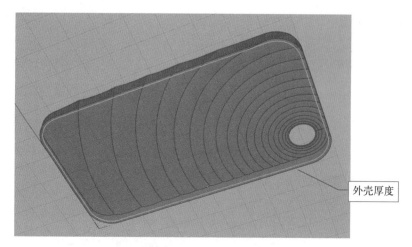

图6-150　生成手机壳厚度

创建一个Boundary Surfaces运算器，将其Edges端口同时与Project运算器和Offset Curve运算器连接，如图6-151所示。

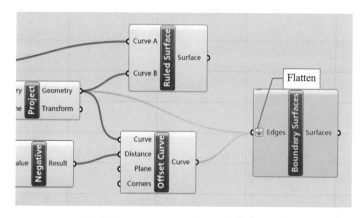

图6-151　Boundary Surfaces运算器的连接

创建一个Extrude运算器和一个Unit Z运算器，将Extrude运算器的输入端口分别与Offset Curve运算器和Unit Z运算器连接。在Unit Z运算器的输入端口连接一个Slider运算器，如图6-152所示。

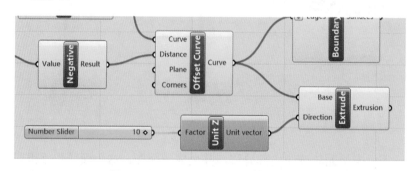

图6-152　Extrude和Unit Z运算器的连接

视图中，从手机壳内轮廓曲线沿Z轴正方向挤出一个曲面，如图6-153所示。

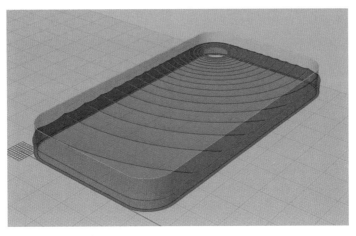

图6-153 挤出内轮廓曲面

在6.4.5小节创建的Move运算器附近创建一个Move-1（重命名）运算器，在其Motion
端口连接一个Unit Z运算器，如图6-154所示。

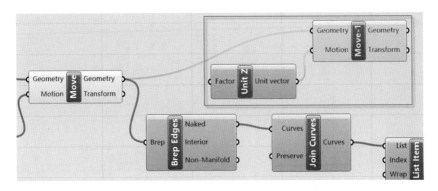

图6-154 Move-1和Unit Z运算器的连接

将上述两个运算器移动到Boundary Surfaces运算器上方，将Unit Z运算器的输入端口
与Negative运算器连接，如图6-155所示。

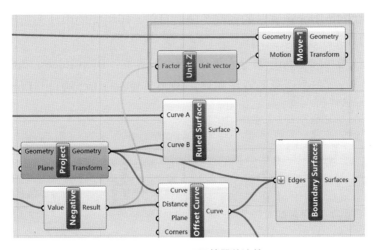

图6-155 Unit Z运算器的连接

视图中，生成一个向下偏移的背面曲面，即为手机壳的内表面，如图6-156所示。

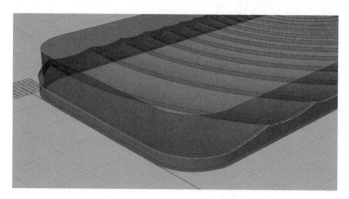

图6-156　生成手机壳内表面

创建一个Split Brep运算器和一个List Item运算器。将Split Brep运算器的两个输入端口分别与Move-1和Extrude运算器连接，其Result端口与List Item运算器连接，如图6-157所示。

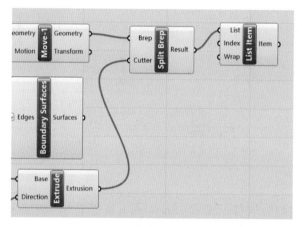

图6-157　Split Brep和List Item运算器的连接

将Move-1和Split Brep运算器的预览关闭。目前，手机壳的内外表面都已完成创建，只剩下摄像头的开孔处还需要封闭。

在上一步创建的List Item运算器右侧创建3个运算器：Brep Edges、Join Curves和List Item-1（重命名）。将3个运算器首尾相连，Brep Edges的Brep端口与List Item运算器连接，如图6-158所示。

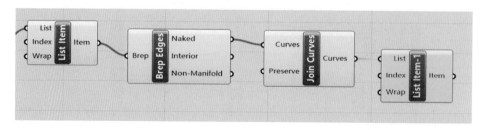

图6-158　Brep Edges、Join Curves和List Item-1运算器的连接

选中List Item-1运算器，视图中，手机壳内表面的摄像头开孔处边缘被选中，如图6-159所示。

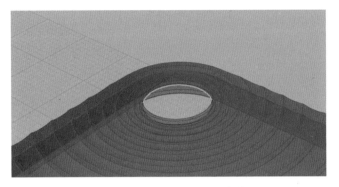

图6-159 选中内表面开孔边缘

在6.4.6小节创建的List Item运算器右侧创建一个Curve运算器，将该运算器与List Item运算器的i端口连接，如图6-160所示。

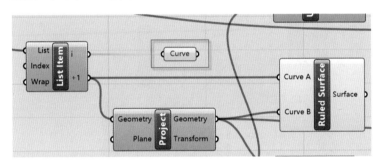

图6-160 创建Curve运算器

将上述Curve运算器移动到List Item-1运算器附近，再创建一个Ruled Surface运算器，将该运算器的两个输入端口分别与List Item-1和Curve运算器连接，如图6-161所示。

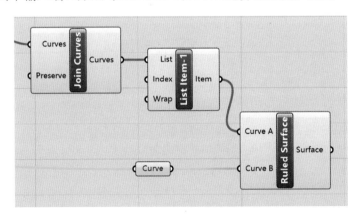

图6-161 Ruled Surface运算器的连接

在内外两个开孔之间生成一个环形曲面，将二者之间的空隙封闭，如图6-162所示。

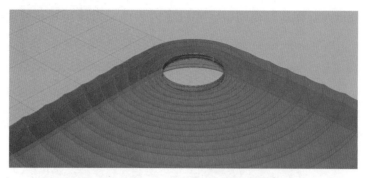

图6-162　生成环形曲面

将List Item-1运算器的输出端口增加一个。创建一个Project运算器和一个Ruled Surface-1（重命名）运算器。将Ruled Surface-1运算器的输入端口分别与List Item-1运算器和Project运算器连接。Project运算器的Geometry端口也连接List Item-1运算器的+1端口，如图6-163所示。

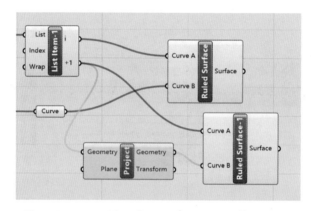

图6-163　Project和一个Ruled Surface-1运算器的连接

视图中生成了手机壳侧面曲面的内表面，如图6-164所示。

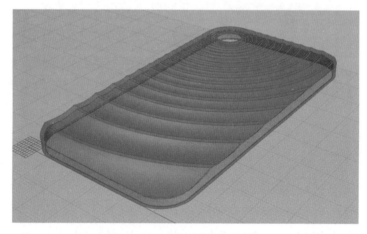

图6-164　生成侧面曲面内表面

至此，手机壳内外部的所有曲面全部创建完成。